U0451872

·写给大众的心理学普及书·

一本小小的
心理学入门书

小熊 编著

中国纺织出版社有限公司
国家一级出版社
全国百佳图书出版单位

内 容 提 要

这是一本小小的心理学入门书，也是一次小小的心理学奇幻之旅。本书在中外心理学专家的理论及实验基础上，结合当下人们所关心的热点心理学话题，对心理学上的一些知识进行解读。通过此书，你可以在短时间内了解心理学的一些基础知识，以轻松的姿态完成心理学的入门之旅，从而更有信心地去生活，感受人生的美好。

图书在版编目（CIP）数据

一本小小的心理学入门书 / 小熊编著. --北京：中国纺织出版社有限公司，2022.1（2022.12重印）
ISBN 978‐7‐5180‐8800‐3

Ⅰ.①一… Ⅱ.①小… Ⅲ.①心理学—通俗读物 Ⅳ.①B84-49

中国版本图书馆CIP数据核字（2021）第167527号

责任编辑：刘 丹　　责任校对：楼旭红　　责任印制：何 建

中国纺织出版社有限公司出版发行
地址：北京市朝阳区百子湾东里 A407 号楼　邮政编码：100124
销售电话：010—67004422　传真：010—87155801
http://www.c‐textilep.com
中国纺织出版社天猫旗舰店
官方微博 http://weibo.com/2119887771
天津千鹤文化传播有限公司印刷　各地新华书店经销
2022 年 1 月第 1 版　　2022 年 12 月第 4 次印刷
开本：880×1230　1/32　印张：6.5
字数：117 千字　定价：39.80 元

凡购本书，如有缺页、倒页、脱页，由本社图书营销中心调换

序

此时的我坐在麦当劳,点了两杯奶茶,因为我不想吃饭,喜欢喝奶茶。

我不想吃饭,我只想读书、学习、写字,这就是我写这本书的状态,自虐而又充实。

我经常在想,心理学和写作能给我带来什么?是治愈,还是指引?

作为一个心理学爱好者,我觉得除了热爱,我实在想不出其他东西。坦白说,我是一个很喜欢科学和艺术的人,所以,这本书你可以看到不同的心理学流派以及不同的心理学理论,甚至连心理学相关的其他学科也被我"贪婪"地拿过来一起分析。很快,你就会在阅读的过程中发现,这本书除了心理学知识,还是一个自我的心灵寻找之旅。心灵、心理加灵魂,前者是道理和解答,后者是体会和感悟。

这本书耗费了我学习心理学以来的全部功力和全部写作才华,甚至生活的眼泪和信仰。希望你喜欢,喜欢到会时不时翻一下,就当喝了一口奶茶,温暖又解忧。

若你相信美好，你的生活终将美好；而我相信爱，我想我也会活在爱里。

写到这里，还是有点饿，我可能等一下就去吃饭了。

小熊
2021 年 2 月 27 日于深圳

目录

01 多巴胺与搜索上瘾 / 1

02 嫉妒和进步 / 6

03 为什么你会觉得别人很可爱：可爱与母爱的本能 / 11

04 开悟与能量值：大师是如何炼成的 / 15

05 年度热词：复原力 / 20

06 奶茶和"糖上瘾"：你为什么会喜欢喝奶茶 / 25

07 情绪饥饿：你饿了可能是因为你不开心 / 29

08 自律和内啡肽 / 34

09 积极心理学：乐观的人更长寿 / 40

10 跳舞与审美心理学：人们为什么爱跳舞 / 45

11 你为什么会焦虑 / 50

12　为什么会有完美主义：完美主义人格分析 / 56

13　你是强迫型人格还是强迫症 / 63

14　煤气灯效应 / 72

15　经济学中的心理学——禀赋效应和沉没效应 / 78

16　一万小时定律 / 84

17　自卑：源于比较心理和自我意识缺乏 / 93

18　自信的人更容易成功 / 101

19　如何应对恐惧心理 / 108

20　贪婪的深层原因——边际效应 / 117

21　正念可以提高注意力 / 122

22　逆转思维：弱者如何转败为胜 / 128

23　孤独：你为什么需要朋友 / 134

24　同理心不是同情 / 140

25　利用好稀缺心理：让你逃离贫穷 / 148

26　相由心生 / 154

27　运气和墨菲定律 / 159

28　内向型人格 / 166

29　说话的能力和同理心 / 171

30　良心的三要素 / 178

31 直觉力和灵感 / 183

参考文献 / 190

后记 / 194

感谢辞 / 196

01

多巴胺与搜索上瘾

我们喜欢快乐，多巴胺可以给我们带来愉悦感。它是大脑信息的传递者，负责传递快乐、兴奋，也就是大脑对人行为的正向反馈，负责判断人的行为并且发"奖品"，而这个"奖品"就是愉悦感。

多巴胺分布在我们大脑的不同地方，比如我们吃到好吃的会分泌它，听到好听的音乐也会分泌它，甚至进行过一次长跑也会分泌它，而人类为了得到它，不断地思考和创造不同的可以调动它的行为。不过，多巴胺不是一个特别聪明的"角色"，它可以帮忙传递信息，但是不能分辨信息，也就是无论好坏善恶，甚至毒品或者淫秽的场景，都能呼唤它的出现，所以才会有各种上瘾，比如烟瘾、酒瘾、网瘾、性瘾等，本文重点介绍一下搜索上瘾。人们会在搜索的过程中逐渐忘记自己的身体需要、家庭联系、社会责任，只为了那一点点的神经高潮。

我们的大脑只接受刺激而且需要不断地被刺激，这也就是人类不满足的性格成因。我们会不断地去发现、去寻找，永不停止。由于每个人的脑回路都有差异，所以，人们都在寻找可以开启大脑兴奋开关的那个点，有的人甚至为此走上不归路。

我们虽不是实验室里不停地被按下开关给自己的大脑电流刺激的小白鼠，但是当我们敲键盘、点击搜索按钮时，我们看起来就像是受到刺激的小白鼠[1]。美国心理学家詹姆斯·奥尔兹发现了大脑的"奖励中枢"。1954年，心理学家詹姆斯·奥尔兹和团队在研究老鼠如何学习的实验里发现了快乐的"奥秘"——刺激。詹姆斯·奥尔兹把一个电极放到老鼠的大脑里并在某个特殊的角落给予电击，几天之后就算换一个电击的位置，老鼠依然会跑回原本接受电击的角落。可怕的是，如果电极放在老鼠的下丘脑，老鼠会自己开启开关给自己电击，直到精疲力竭。

网络世界利用多巴胺原理制造了搜索引擎，比如谷歌、维基百科、百度、搜狗，而各大网站的搜索框，再比如各大榜单的排行榜，也争相用花花绿绿的美食、美景图片，无时无刻不在召唤我们进行输入、点击，直至付钱、下单。

我们对世界万物的好奇导致了许多反常的行为，比如，我们会下意识地搜索对我们没有实际利益的东西，也就是说我们并不是为了搜索而搜索，我们只是很享受寻找的过程。而某一个让我们产生新兴趣点的事物又会让我们再次搜索相关的东西，比如我们热衷于搜索明星的八卦：住的房子、穿的衣服、用的面膜品牌、坐的哪一班飞机、有什么我们不知道的朋友。这些原本只是因为我们喜欢某个电视剧的角色而使我们喜欢的明星，衍生出了无数个新的可以搜索的东西。

搜索过度的后果会怎样？七年前一部《不可思议的夏天》第五集搜索依赖症让很多观众感到毛骨悚然。它讲述了一个女大学生偶然获得神奇搜索功能的眼镜，于是衣食住行全部依赖搜索眼镜指导，最后变成了眼镜的傀儡，没有自主意识。

互联网时代，我们的一切时间仿佛都被网络媒介控制着，比如微信、抖音，甚至其他分享平台，还有社区、外卖……我们的生活也在不断地被固化，加上大数据和人工智能，我们的生活习惯、兴趣爱好被窥视得一览无余。很多东西不用我们找都会被加粗加大地显示给我们看，于是我们会因为更容易地寻找到快感而非常自然地接受一切安排和控制。

有没有什么办法？有。下面我分享的是如何保持适当的好奇心理，从而正确使用搜索引擎和搜索功能。

（1）设立目标，防止漫无目的的非相关搜索。

很多人上网搜索只是一个习惯，就跟我们上班第一件事查看邮箱是一个道理。我们喜欢将不同的搜索引擎开着，而每次打开搜索引擎或者相关网站，又会被热点热榜所吸引，于是花了更多的时间去浏览我们原本不想了解的内容，浪费了大量的时间和精力。所以，我们需要在每次搜索之前回忆一下自己的目标和搜索的重点，并且选取合适的搜索引擎进行搜索，避免过度搜索。

（2）规定搜索时间并且有中间休息时间。

搜索因为多巴胺的效用会导致我们上瘾，如果我们跟随本能一定会停不下来。因此，我们需要采取相关行动控制自己的搜索时间，提高自己的搜索效率，降低搜索成瘾对我们健康生活的伤害。我们可以设立闹钟进行时间间隔区分，比如每隔半个小时就停下来，搜索总时长每天不能超过两个小时。

（3）遇到问题时想办法自己解决，而不是上网找答案。

搜索引擎给人类带来知识便捷的同时，也让人变得越来越懒惰。很多人认为可以通过搜索节约时间，或者搜索到比自己想的更好的结果。说到底，我们之所以依赖搜索，第一是因为我们懒，第二是因为我们不自信。生活是自己的，我们需要自己去体验、去尝试。我们要相信自己能解决好生活中的问题，就算是有搜索引擎，也只能参考，不能让它代替我们全部的思考。

（4）多运用其他方式学习、娱乐，避免对网络产生依赖。

网络世界其实是个虚拟的世界，很多网络搜索出来的答案或者资讯提供者本身的专业性就有待考量，而匿名的网络社交方式更让很多不良信息充斥网络，麻痹我们的神经，伤害我们的大脑。我们需要丰富自己的娱乐、学习方式，娱乐的方式可以是户外运动或者听听音乐，学习的方式可以是读书或者旅游。我们只有真正运用好时间，把自己的生活从全天的网络中脱离出来，才能更明白网络的作用，否则只会"身在其中不自知"。

（5）学会和朋友亲人多沟通，防止因为空虚而搜索。

很多人喜欢上网，除了学习、工作，很大一部分原因是为了打发时间。说到底，是因为空虚或者孤独。我们喜欢上网搜索新奇事物，实际上是想把自己疲惫的身心从工作生活的重压之下解放出来,得到搜索的快乐。

快乐的方式有很多种,而感情的互动最具有幸福的功能。积极地和朋友或者亲人沟通,我们会更容易融入现实世界,而不是在虚拟的世界中寻找存在感和安全感。

02

嫉妒和进步

"嫉妒"这个词我们并不陌生,人在嫉妒的心理作用下,很容易有情绪的波动。人们经常说一句话"你为什么老是见不得别人好",说的就是嫉妒心理。

美国肯塔基大学心理学教授、嫉妒等负面情绪研究专家理查德·史密斯在其论文《嫉妒及其演变》中认为,嫉妒的产生需要几个必要条件:

(1)对方与我们相像。

我们会和与自己相似的人进行对比,如果比不上对方,就会产生嫉妒。我们下意识地认为,我们应该获得和自己水平一样的人同样的待遇或者其他生活的反馈。如果没有,我们就会感到伤心、难过,这就是嫉妒在起作用。

(2)这件事和自己相关。

我们都有着自己渴求的和自我价值相关的事物,会在比较中处于劣势时感到痛苦。如果和我们本身的价值不相关,我们就不会那么介意。因此,我们总是会被我们关注的东西伤害,而在不介意的人或事面前不会有任何情绪的变化。

(3)主观的不公平感。

说的就是运气问题。别人预期比我们好,我们就会感到不高兴,这就是嫉妒。我们对所有事物都有一个自己的认知体系,对做每件事都会有一个预期的估值,如果结果低于我们的估值,我们就会觉得不公平。如果类似的事情别人取得了更好的回报,我们就会感觉受到了伤害。

在每日科学网站上的一篇名为《Neuroscience of envy: Activated brain region when others are rewarded revealed》(嫉妒的神经科学:当别人得到奖励时激活的大脑区域揭示)提到了一项美国国家生理科学研究所的嫉妒实验。该实验发现猕猴的某个大脑区域会因其他猕猴获得奖励而发生变化。当同伴猕猴得到的奖励增加而自己的奖励没有发生变化时,猕猴同样对自己不满意。不过,如果将奖励比如水放到水桶里而不是给其他同伴时,猕猴并没有产生嫉妒情绪。这个实验表明,动物产生嫉妒是因为比较,与同类的比较。如果没有参照物,我们就不会有多或少的想法。

俗话说得好,嫉妒会让人面目全非。日常生活中,我们通常把嫉妒归为人性的恶。嫉妒多来源于与他人的比较和竞争,也就是自己对价值的判断不是自己的价值多少,而是与他人比较的相对值。我们主观认为，社会资源就像一块大蛋糕，别人得到奖励就意味着我们得不到奖励，有人吃饱就有人挨饿，我们不想让自己成为挨饿的那一方，所以我们会时时刻刻盯着别人的蛋糕，这也是我们痛苦的来源。

原北京大学教授周晓林用功能磁共振成像和情景想象法，发现恋人在热恋中越甜蜜，则在有失恋可能的情况下嫉妒感越强，而暧昧阶段的嫉妒感比成为恋人后的嫉妒感要弱。也就是说，我们有多爱对方，我们就有多容易嫉妒[2]。那些痛并快乐着，就是爱情给我们的冰火两重天的感觉。

无论是动物还是人，只要产生了另外一个竞争对手，大脑就会开始高速运转，这在一定程度上可以促使我们不断改善自己、超越别人。换一句话来说，我们之所以努力思考并且持续进步，很多时候可能是因为嫉妒的情绪在作怪，嫉妒让我们更加努力。

进化心理学认为，人类的进步是长期适应环境的结果，而人会因为环境的变化和心理的调节产生各种行为。我们为了生存和繁衍会有争抢的行为，比如领地、配偶、食物。我们由于追求安全感而对自己拥有的东西总是十分介意，而更多的物质资料可以让我们更有安全感。

可是人类向善的心理又决定了我们希望自己过得好，也希望别人过得好，所以我们还是希望尽可能地公平，这样彼此的关系才会更加融洽。因此，现代文明提倡公平、公正、自由，以法律条文或者伦理道德将行为规范在一个合理的范围内。

嫉妒朝好的方向走，可以让人们更加专注自我的提升。正因为这群人不甘心落后，所以会不断要求提高自己，表现在更努力地学习，更积极地工作，或者通过外在和内在的修炼，变得更加迷人而富有竞争力。比如有人成了技术大咖，写了别人写不出的代码被企业高薪聘请；有人成了健身达人，拥有让其他人流口水的身材；有人情商很高，通达人情世故，因而结交了很多人脉，在社会上比别人更容易获得信息，从而抢占市场的制高点；有人通过不断学习提高知识储备和调动更多的潜能，因而成了自己命运的主人、时代的巨人，比如科学家和历史伟人等。

值得一提的是，嫉妒朝不好的方向发展确实害人害己。这种嫉妒除了会给嫉妒者本身带来焦虑，还会产生不受自己控制的暴力行为和极端言语，比如：网络上的仇富。因为嫉妒，弱势的一方会不断地对强势的一方施加各种言语暴力或者行动暴力，直到自己的情绪宣泄完为止，这对整个社会的稳定和个人的发展是十分有害的。那么，怎样才能防止嫉妒让我们变得面目可憎、丧失初心呢？很简单，用积极的心态看待自己的失败和别人的成功。

前面说了我们会犯一个叫作"运气"的毛病。我们总是觉得自己已经非常努力但是运气不好所以失败，别人总是不用怎么努力但是运气很好所以成功。关于努力和运气，我们会在之后的章节详细讲述。在这里，我劝大家放平心态，认真生活，不要过分期待结果，防止因为对别人的错误认识导致嫉妒心理，影响自己的生活。

对生活充满希望,踏踏实实地过好每一天;对别人的成功诚挚地祝福,积极向别人学习经验。幸福需要彼此理解,我们只有往好的方面想自己、想别人,才能得到更多正面的回馈和正向的能量。

03

为什么你会觉得别人很可爱：可爱与母爱的本能

我们经常会发出感叹：他（她）好可爱呀。你知道为什么我们会觉得别人可爱吗？为什么很多明星都有妈妈粉，为和自己无关的人操心，难道是因为操心会让人感到幸福？

我们会觉得别人很可爱，其实是别人的某些特征激发了我们的母爱甚至父爱。为什么会有母爱？纽约大学医学院的林大宇教授团队研究发现，小鼠脑中的"内侧视前区"（MPOA）与护犊行为有关。当母鼠把在洞穴外的幼鼠叼回巢时，这个脑区里表达雌激素受体阿尔法（ER-alpha）的少数细胞最为活跃。没有幼鼠的母鼠会不会有类似的行为？会的！研究人员在未经交配的小鼠身上重复了这一实验，并在论文《当大脑回路启动时，老鼠表现出母性的习惯》提到，只要这些细胞被人为激活后，母鼠就会把不是自己的幼鼠叼回巢中。也就是说，我们都有母爱的本能，母爱没有任何道理。

儿童发展心理学指出，人生下来就有依恋行为，而婴儿的依恋行为会引发母亲的母性行为。谢弗（David R.Shaffer）在《发展心理学：儿童与青少年》中提到了"丘比特娃娃效应"。这个效应说的是人类幼儿的某些特质，比如婴儿般红扑扑的脸蛋、忽闪忽闪的大眼睛等面部特征会相当讨喜，从而和大人保持良好的关系，因为人们会被婴儿类似的脸吸引[3]。因为我们有爱，所以我们喜欢可爱的人，也愿意去帮助可爱的人，可爱的人在我们这个社会很受欢迎。

"Kama Muta"来自梵文，意思是"因为爱而感动"。加州大学洛杉矶分校教授、心理学家艾伦·菲斯克（Alan Fiske）在《一个让我们都感到温暖、模糊的新名词》中介绍了 Kama Muta 的作用，包括让人动情或者起鸡皮疙瘩，甚至激发了我们的奉献和同情心。也就是说，我们会有爱的本能，而爱会让我们对和身边事物的互动感到喜悦，这种共情会让我们更加热爱彼此，以至于我们向往和美好的人在一起，彼此关心、彼此照顾。

科学家发现，"可爱"也会引发 Kama Muta。我们为什么喜欢可爱的事物？因为可爱的事物对于我们来说就像小孩子，会让我们想产生联系，没有任何攻击性。当我们看到别人发来的"可爱"内容时，内心常常会有一种被萌化了的感觉，这其实就是一种 Kama Muta。可爱比起其他内容更加容易触动我们的神经，也就是它不需要其他铺垫，我们一看到可爱的图片，立马会产生强烈的共情。

想一想，我们长大以后为什么还是很喜欢去迪士尼，因为迪士尼里面的卡通形象都很可爱。想一想，生活中我们为什么还是喜欢发一些猫狗的表情，因为小猫小狗都可以触发我们的 Kama Muta。我们的生活过于紧张而压抑，我们需要得到情绪的释放。而可爱的东西能让我们的疲惫得到很大的缓解。看到可爱的东西时，我们的心中就会有悸动，而内心的暖流会流遍我们全身，让我们觉得生活还是美好的，还是有希望的。

我们对可爱事物的怜爱也来源于这种妈妈情怀，我们会将自己代入式地假想为一切可爱的人或物的老母亲，哪怕那个人我们不认识，那个动画角色没有生命，我们依然沉浸在自己的世界无法自拔。我们还会为这些可爱的人或事物耗费大量时间、精力，比我们自己的生活还上心。

对可爱人或事物的痴迷让人变得有责任、有担当，所以它会帮助我们变得温柔，我们的内心也在和别人的互动以及彼此照应关怀中变得柔软。因为爱，所以可爱，我们可以通过以下三种方式让自己更可爱，也让自己和别人更幸福。

（1）多共情思考，理解同情别人。

共情就是站在对方的角度思考问题。我们如果只关心自己，是不可能明白别人的立场的，也没有办法真正理解别人，感受别人的喜怒哀乐、悲欢离合。为了和别人有更加良好的互动，我们需要多从自己的思绪中走出来，尝试用不同的思维思考问题。当我们理解了别人，我们也更能看清楚自己。

（2）多亲近别人，关心周围的人和事。

亲近就是多主动让自己进入其他人的圈子，让自己不再封闭内心，保持双方的亲密感。如果我们永远都只是自己快乐，那么我们的快乐就很有限。打开自己的内心，尝试接受不同的声音，尝试和别人一起喜悦，一起因生活的美好而感动。

（3）多付出情感，和别人保持交流。

不同于会谈和辩论，我们和别人的沟通需要认真而温和。当我们真正付出自己的情感，用非理性思维和对方保持联系的时候，我们会感受到人的归属感和存在感。我们也会因为和别人的走心交流缓解内心的孤独和寂寞。我们还会因为卸下了坚硬的盔甲而变得令对方更愿意亲近。

记得读书的时候，我曾经学过一篇著名的文章——魏巍的《谁是最可爱的人》：在朝鲜的每一天，我都被一些东西感动着；我的思想感情的潮水，在放纵奔流着；我想把一切东西都告诉给我祖国的朋友们。但我最急于告诉你们的，是我思想感情的一段重要经历，这就是：我越来越深刻地感觉到谁是我们最可爱的人！

谁是我们最可爱的人呢？我们的部队、我们的战士，我感到他们是最可爱的人。

还有谁是最可爱的人？当然是有爱的你啊。

04

开悟与能量值：大师是如何炼成的

你想过为什么有人可以成为大师吗？是因为知识、财富、背景吗？不是的，成为大师需要开悟。

邓宁—克鲁格效应[4]旨在表明人的觉知分为四个阶段：不知道自己不知道，知道自己不知道，知道自己知道，不知道自己知道。大部分人处在自信而又愚昧的阶段，随着知识经验的累积，部分人开始逐渐明白自己的无知，于是越发的不自信，到达自信最低谷，之后否极泰来，越活越明白，直到内心通透，一切明白，也就是所谓的开悟。开悟也是普通人和大师的鸿沟，这个鸿沟如今已经可以量化。

量化的标准就是能量值的高低。为什么用能量的高低来判断呢？因为世界万物都由旋转的粒子构成，粒子震动时会产生能量，能量直接引起事物的变化和发展，人在不同的身体状况和精神面貌下身体的震动频率不同，也就是说在不同状态下我们有不同的能量产生。

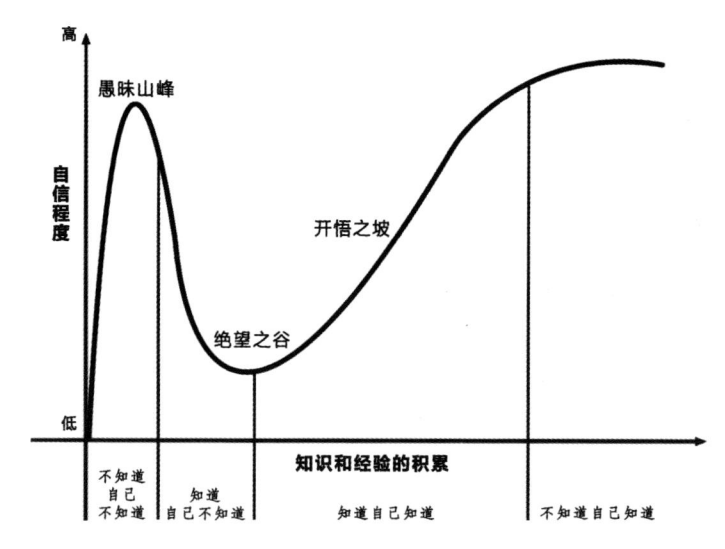

```
              高 ┤
                 │      愚昧山峰
                 │        ╱╲
              自 │       ╱  ╲              ╱────────
              信 │      ╱    ╲            ╱
              程 │     ╱      ╲   开悟之坡╱
              度 │    ╱        ╲        ╱
                 │   ╱          ╲_____╱
                 │  ╱         绝望之谷
              低 │ ╱
                 └──┬────┬──────────┬─────┬────────→
                  不知道 知道  知识和经验的积累  不知道自己知道
                  自己  自己不知道  知道自己知道
                  不知道
```

邓宁—克鲁格心理效应（Dunning-Kruger effect）

美国著名心理学家、精神医学博士、哲学博士大卫·霍金斯通过多年研究绘制出了霍金斯能量层级图，将人的能量状态分成 17 个层级，向上为正能量，向下为负能量。我们常说正能量，其实是有科学依据的。正因为有了勇气、淡定、宽容和爱，我们才会让自己始终处在能量的正极。

一个人的能量级的变化其实和物质世界没有多大关系，换句话来说，你的内心多丰富、多充盈，你的能量值就有多高。也就是真诚、宽容等积极的精神状态可以改变我们身体能量的频率，也能帮助我们的身体健康和人生进程。

能量层级（正）

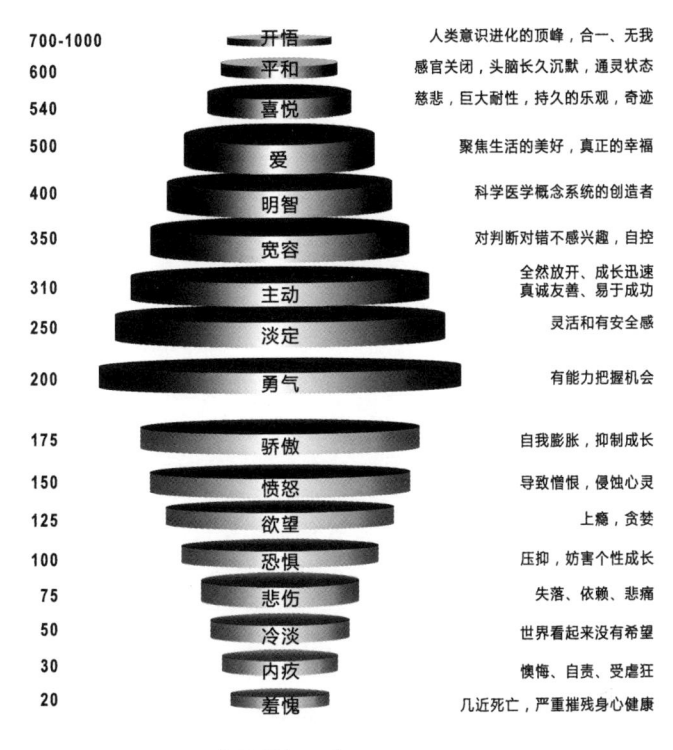

层级	名称	描述
700-1000	开悟	人类意识进化的顶峰，合一、无我
600	平和	感官关闭，头脑长久沉默，通灵状态
540	喜悦	慈悲，巨大耐性，持久的乐观，奇迹
500	爱	聚焦生活的美好，真正的幸福
400	明智	科学医学概念系统的创造者
350	宽容	对判断对错不感兴趣，自控
310	主动	全然放开，成长迅速，真诚友善、易于成功
250	淡定	灵活和有安全感
200	勇气	有能力把握机会
175	骄傲	自我膨胀，抑制成长
150	愤怒	导致憎恨，侵蚀心灵
125	欲望	上瘾，贪婪
100	恐惧	压抑，妨害个性成长
75	悲伤	失落、依赖、悲痛
50	冷淡	世界看起来没有希望
30	内疚	懊悔、自责、受虐狂
20	羞愧	几近死亡，严重摧残身心健康

能量层级（负）

霍金斯能量层级图

绝大多数人的能量意识等级不会有特别大的改变，最多5个点。区分一个人正负能量的，勇气是一个标志性界限。能量层级250正是人过上了自己想要的生活之后的淡定和满足，生活是否顺遂在于能量是否到达了250。

能量层级500以上其实已经对功名利禄无所谓，因为在跨越科学等领域的顶端限制之后，能量层级 500 以上的人比较注重真正的幸福而不是快感，所以，我们常说很多厉害的人或者艺术家到了一定境界也就淡泊名利、无欲无求了。当这种通透加上爱和温暖，也就是能量高时自我的赋能，比如持久的喜悦、超凡的耐力，再往上就是通灵，再往上就是最高的境界无我。能量级 500 作为物质和精神彻底分离，也就是纯能量的开始，这也是从智慧演变成大师的前端。因为大师是一种意识流，而智慧还有着物质世界的羁绊。

随着社会的加速发展，有更多的人开始进行自我意识的超越和灵魂的反思。我们可以看一下高能量人和低能量人的存在概率，据此可判断我们有多大可能见到真正的高能人。

不光是人有能量级，文艺作品也都有能量级，包括书籍、音乐等。真正的艺术作品或者经典著作诸如《高山流水》《道德经》并不是所有人都能欣赏其精妙之处，原因在于普通人的能量级和大师的能量级不在一个层级上，无法和这些作品产生共鸣。

能量的载体也会彼此作用，也就是你生命中遇见的人和事物会影响你的能量水平和意识层级。所谓"物以类聚，人以群分"也是这个道理。一个人大量阅读假丑恶，自然感受不到真善美。从贪嗔痴到断舍离其实是一个飞跃，但是如何从断舍离到智慧再到大师其实也是一个漫长的过程。

换句话来说，你如果还在欲望不断的驱使下言不由衷、人云亦云，或者在欲望无法满足时做困兽之斗，愤世嫉俗，甚至是小有成绩时就洋洋得意，自我满足。很遗憾，你的能量依旧为负，也就是你不能帮助这个世界变得更美好，而需要有更美好的人把你的负能量抵消。

什么是高能量的状态？就是宁静而致远，淡泊以明志；就是流水潺潺，鸟语花香；就是世间万物皆有灵，所有苦难非苦难。多读好书，多发现美，让自己和周围的世界密切地联系起来，这样你的能量才是正能量。社会动机和心灵境界决定了你的能量等级，尽量以爱和善为行为导向，尽量以慈和静为思考重心，这样你的能量才会在正面的方向。

只有你承认希望，你的生活才有希望。只有你相信美好，你的生活才会美好。那些生活中的命运，有些其实只是我们意念的结果而已。当我们摆脱了愚昧之坡，才能走向开悟之路，并且在一定阶段后逐渐通往灵性之巅。

05

年度热词：复原力

2020年注定是不平凡的一年，可以说疫情改变了全世界，无论是社会活动还是人的思想。同样在2020年，无论是互联网还是纸媒，复原力（Resiliency）都成了最高频使用的关键词，这也反映了人们对于疫情改变生活做出的积极思考和调整。后疫情时代，所有熟悉的工作节奏和生活模式都发生了巨大的变化，我们的复原力决定了我们在这次没有硝烟的战场上是否还可以继续战斗并且依旧斗志昂扬。

奥斯卡获奖影片《当幸福来敲门》讲的就是复原力。影片讲述了推销员克里斯原本卖医疗器械还不错，却不幸遇上了大萧条，于是生意下滑，妻子离家出走，留下他和5岁的孩子相依为命。但克里斯没有被打倒，反而更认真地工作，甚至将别人9个小时的活儿用6个小时就干完了，只是为了赶在5点前接自己的儿子去收容所。克里斯之后成为股市交易员，最后成为知名的金融投资家。

在幸福来敲门之前，你需要在数次不幸中站起来。当我们拥有了复原力，我们就不会被挫折打倒，最终取得成功。

复原力是指个体面对困境和挫折时的回弹能力，是在经历过巨大的伤痛挫折之后依然能快速回到原先的思想状态，接受现实并且战胜困难，超越自我。无论是孩子、集中营幸存者还是从失败边缘扭转公司命运的管理者，他们所具备的复原力都可以后天习得。戴安娜·库图在其发表在《哈佛商业评论》的《面对困境："复原力"的密码》里提到复原力有三大要素：直面现实，活出意义来，尽可能利用身边资源来应对变化。上面这三个要素拿出任何一个都可以作为成功的要素，更不要说三个都具备了。所以，有高复原力的人往往抗压，耐挫折，情商高，这也是他们比一般人容易成功的原因。

当下，我们对复原力的描述主要集中在承认现实和找办法解决这两个要素上，也就是我们忽略了活出意义来。什么叫活出意义来？就是我们觉得我们应该活下去，我们有存在感，我们有生存的必要，我们本能地想继续生活，也就是我们虽然受到了挫折，但不会影响我们对自己的评估，以及对人生的把控。我们依旧活在我们设想的轨道里面，只是外力稍微把我们带偏了一点，但我们依旧相信我们有能力把自己从偏离的轨道拉回来。

美国知名神经心理学家、临床心理学博士里克·汉森在《复原力——拥有任何挫折都打不倒的内在力量》中，提到绿色地带（响应模式）和红色地带（应激模式），前者会给我们带来圆满和幸福，后者会让我们感到紧张和压力。

里克·汉森博士告诉我们，不被挫折打倒的秘诀在于离开红色地带，让自己越来越集中在绿色地带。我们需要在大脑中反复植入感恩、自信等积极的体验，通过不断重复和内化安全、满足和连接的体验，让自己越来越集中在响应性的绿色地带，进而感到平静、满足和爱。

因此，当我们把注意力放在"如何克服"或者"如何避免"诸如此类的消极情感上，我们可能就没有办法让自己快速地复原，或者从中汲取力量，把劣势转化成优势。但是如果我们放平心态，将所有的苦难都当作是上天的赐予，为的是让我们更好地珍惜以后的人生，我们就会觉得挫折只是成功路上的一个里程碑，而挫折的作用是提醒我们自己还在成功的路上前进着，这样我们就可以更快速地调整自己，找到正确的努力方向。

你可能总是失败，你也可能会一直成功。"胜利者效应"是指："如果能够先战胜一个较弱的对手，那么之后在面对强大对手时的胜算，会比最初就直面强敌大很多。"浙江在线的记者曾福泉在其《浙大胡海岚团队〈科学〉发文：成功正在悄悄改变你的大脑》中指出，浙江大学教授胡海岚团队所做的小鼠实验证实了"胜利者效应"。胡海岚团队在雄性小鼠身上首次发现了哺乳动物大脑中"胜利者效应"的神经环路——中缝背侧丘脑投射往前额叶皮层的环路。实验中小鼠在有6次以上被光诱导而战胜高等级对手的经历之后，可以在不再给光的情况下继续战胜以前的高等级对手。换言之，从第7次开始，你便习惯了成功。我们可以利用"胜利者效应"，把自己的大目标拆解成无数个小目标，这样我们就可以累计成功的经验从而获得更大的成功。

美国心理学家班杜拉在其著作《思想和行为的社会基础》中提出，自我效能的定义是指"人们对自身能否利用所拥有的技能去完成某项工作行为的自信程度"。在遇到不幸、灾难等其他事件时，自我效能感决定了个体的身心反应过程。班杜拉强调，保持乐观的自我效能感，对于保证免疫系统的功能、促进身体健康也具有重大的实践意义。

这里要声明复原力的好处并不意味着我们美化灾难或过度宣扬挫折的价值，也就是所谓的成功之前一定要经历失败，你受的苦可以给你带来更多的快乐。当前社会有很多弹性企业，说的就是员工需要抗打压、多打压，以锻炼他们坚强的意志从而做出成就。甚至在幼儿教育中，挫折教育也被放在台面大肆宣扬，这是非常不对的。

我们渴望成功，但我们不能为了成功去给自己累积失败的经验。过多的挫折只会给人的心灵带来更多的阴影，也不利于成功。布莱伊尔和凯瑟琳·斯科特（John Briere，Catherine Scott）在《心理创伤的治疗指南》中就指出："自我恢复"并非一种类似于"善良"或"慷慨"的特质，只是一种能力，一种行为，有些人能做到，有些人则不能。

人是有情感的人，每一次灾难都会给人的心灵带来不同程度的影响，就如同疫情之后的人们会变得格外珍惜外出的机会和有人相处的时间，也更加地努力工作和生活，很怕自己又回到不能外出无所事事的日子。这是复原力给人们带来的好处。甚至很多病患在康复之后都变得格外坚强，这也能说明复原力的作用。

在某一难以忍受的情感事件的冲击之下，具有"自我恢复"能力的人也有可能一下子崩溃。当困难、伤害、痛苦出现时，周围人就此出现的描述可能使受害人深陷其中不可自拔，也可能使之从中解脱。[5]我们需要正确对待挫折和灾难，通过弱化危害让人尽快地把注意力从伤害本身转移开始新的生活，而不是反复强调自己就是一个受害者，为此，我们需要更加努力。

灾难本身不是光明的前提，失败也不是成功的必经之路。我们都希望自己可以在原本的正常轨道上顺利地运行。为了成功而增加挫折，一定会让最终的结果由成功变成挫折。

既然如此，我们如何提高自己的复原力，让自己更加强大呢？一句话，想象自己是一个有高复原力的人。想象我们可以很自信、很灵活、很轻松地应对所有的意外。我们可以从灾难中站起来，并且拥有更好的人生。通过这个考验我们可以让自己获得更多关心自己的朋友，我们可以通过这个挫折学习到我们以前学习不到的知识。当我们把所有的努力想象成积极的体验时，我们就可以让自己从伤痛中迅速地调整回到正常的生活中来。

就像尼采说过的那句话，杀不死我的，会使我更强大。

06

奶茶和"糖上瘾":你为什么会喜欢喝奶茶

网络上有个梗,叫作"你喝了秋天的第一杯奶茶了吗?"对于大部分人来说,奶茶有了第一杯,就会有第二杯和无数杯。奶茶为什么这么受欢迎?让我们把这个神奇的食物扒个底朝天。

奶茶属于甜饮料,含有大量糖分。一切高糖的东西都会刺激大脑里血清素的分泌。血清素的功能在于使人感到轻松和愉快,不光是血清素,吃进高热量的食物后,我们的消化系统会因为有食物供给而变得兴奋起来,从而让大脑分泌更多的多巴胺。

呀!我们念念不忘的多巴胺又出现了,这里我们说多一点,说一下为什么吃可以带来最极致的快乐。因为我们的肠道也在干涉着大脑的反应,即你可能并不仅仅是因为饥饿而吃,而是你想快乐。你为什么会在喝下奶茶的第一口时立马感受到快乐?因为肠道和大脑可以直接"交流"!实验发现,肠道除了通过向血液中释放激素与大脑进行交流外,还利用肠内分泌细胞和迷走神经形成的"神经回路"直接与大脑交流。纽约西奈山伊坎医学院的研究者用激光刺激小鼠肠道的感觉神经元，发现小鼠的肠道受到激光刺激后会加速多巴胺的分泌。[6]由此证明，肠道在时刻通过神经给大脑传递各种信号，影响人的情绪和行为。现代人的暴食症或者饮食失调其实也源于此。

你以为奶茶的部分结束了？不，这只是刚刚开始。你有没觉得，喝下一口奶茶，整个人像飘了。这种仙气飘飘的感觉是不是听上去很像……我们在进食高甜食物时，身体里会产生一种叫作内啡肽的物质，它可以镇痛，且让人心情愉悦。是的，内啡肽，它和多巴胺不一样。我们会在下文专门来讲这个升级版的快乐因子。

奶茶作为一种高 GI（血糖生成指数）食物，会引起血糖迅速上升，引发胰岛素的大量分泌来控制血糖。但马上又会因为血糖浓度快速下降到偏低水准，再次引发下一波的进食欲望，导致强烈的假性饥饿感。然后你就会再去吃那些你"喜爱的食物"来缓解饥饿，形成恶性循环，令人无法自拔。

奶茶被誉为一杯顶七罐红牛不是没有原因的，因为它含有大量咖啡因。我们需要咖啡主要是咖啡因可以提神。犯困，是因为一种叫腺苷的睡眠诱导分子和大脑神经元上的受体结合，同时还抑制了多巴胺的产生，所以缺觉的你往往心情很差。有了咖啡因的刺激，腺苷不再起作用了，而多巴胺又开始了工作，于是我们的快乐又回来了。

我们再来说奶茶的必备——珍珠。没有珍珠的奶茶没有灵魂，所以珍珠也是我们快乐的源泉。有些爱美的少女知道奶茶热量高，特意要求珍珠红茶、珍珠绿茶，只求可以咀嚼那有弹性的珍珠。其实咀嚼也是可以产生快乐的。一定节奏的咀嚼，可以促进血清素的分泌。所以，下次喝奶茶的时候请加一大勺珍珠。

你以为写完珍珠，喝奶茶这件事就翻篇了。不，你逃离得了奶茶，逃离不了奶茶店。满街的奶茶店也是你控制不住自己喝奶茶的原因。找吃的这项技能从我们祖先开始就有了，而找吃的主要靠眼睛。英国牛津大学的查尔斯·斯宾塞（Charles Spence）认为，频繁地接触虚拟食物，将会产生神经、生理和行为反应，从而加剧我们的生理饥饿。[7]所以你只要人经过奶茶店，就有冲进去买一杯奶茶的冲动。或者你看到"我要把你捧在手心里"的奶茶广告，就马上想去买一杯奶茶。视觉刺激会激起我们的食欲，当我们手捧着一杯有华丽包装的奶茶时，我们会觉得特别满足。

秋天的第一杯奶茶，说的是仪式感，而世界各地其实都有奶茶文化，也就是下午茶。比如英式伯爵奶茶、港式奶茶、内地的奶盖茶。我们点奶茶的原因，大多是我们觉得人生苦短，需要有一个东西让我们暂时脱离痛苦之源，那个东西就是奶茶。研究表明，仪式感可以带来内啡肽，因为痛苦过后需要有个总结提升。我们点的不是奶茶，而是我们在生活的大风大浪中可以继续的动力。仪式感也就是我们对自己生活的升华和重视，没有了仪式感，我们的生活也将寡淡无味。无论这个仪式感来自一个节日，一个精心布置的房间，还是一杯热气腾腾的奶茶，这都是我们对生活的一种重视和期待。

"茶颜悦色"在武汉开第一家分店后，第一个排队的人居然是从前一天晚上十一点开始等起，我惊呆了。不过排队等奶茶这件事不足为奇，而茶颜悦色又是排队奶茶的典范，因为奶茶好喝，所以茶颜悦色基本没有不排队的时候。排队行为算是一种"同调行为"，说的是大家都想保持一致的行为。社会心理学家米尔格拉姆让自己的助手们站在大街上，一起朝一栋大楼仰望，虽然楼上什么东西都没有，但大部分经过的路人都会停下来看向助手们的方向。而同调行为会让我们觉得自己的品位和大家一致，觉得特别安心。而终于排到的奶茶，让我们觉得苦尽甘来，特别好喝。

所以本文不讲如何戒奶茶，因为我们戒不掉。而且我们在搜索奶茶以及喝奶茶的路上也许会越走越远，就像一只没有香蕉就不快乐的猴子。

请给我一根香蕉，不，一杯奶茶，这是我冬天的第 N 杯。

07

情绪饥饿：你饿了可能是因为你不开心

食物是我们的快乐源泉，比如上一节我们说的奶茶。吃东西是一件快乐的事，当我们不快乐的时候也想吃东西。我们的胃容量是有限的，所以我们要小心非生理原因产生的进食想法，也就是情绪饥饿。在说情绪饥饿之前，我们先说非情绪的饥饿：胃排空和血糖浓度下降。

胃空的时候就会给大脑发出需要进食的信号，这时候你会觉得很饿。胃排空不意味着血液里的血糖浓度降下来，因为血液里可能还有许多的糖分没有被消化掉。

下丘脑因为血糖的升降控制了你的意识，导致你产生"我饿了"的错觉。吃了高 GI（血糖生成指数）的食物，因为葡萄糖释放速度很快，你的血糖会快速升高，于是胰岛素就会出来工作把血糖压下去。这一升一降的后果是你的下丘脑给你发出你饿了的信号。此外，睡眠不足，瘦素会下降，胃饥饿素会上升。你口渴的时候大脑也会发出饥饿的信号，但这一切都是在提醒你，你的身体出现问题了，你需要注意。

还有一种非生理需求导致的想吃东西，叫情绪化进食（Emotional Eating）。纽约进食障碍中心主任玛丽·科恩指出：情绪化进食不是因为肚子空，而是因为内心空虚（Emotional eating is about being hungry from the heart and not from the stomach）。除了打开冰箱，我们很有可能打开电脑上网看一些能刺激我们感官的东西，或者开始打游戏，企图用绚丽丰富的界面让我们空洞的心得到一点点慰藉，或者回到床上抱一下身边的玩偶，那种抚摸会让我们觉得很温暖，这样也就没有那么孤独了。

什么会让我们开心呢？当然是甜的东西。除了上文我们提到的奶茶，还有巧克力、冰激凌、蛋糕。在德国科学院第六届营养医学大会上，专家们达成了共识，他们认为甜食对健康有积极作用：碳水化合物与脂肪的结合能促使人体产生血清素，起到抗抑郁作用；甜食是平衡营养的一个重要组成部分。

吃的确可以带来多巴胺、血清素，但是真正持久的幸福和甜蜜感觉来自对生活和周围人群的爱。生理饥饿可以通过饱餐一顿来解决，因为缺乏食物的饥饿易于觉察，一旦饥肠辘辘，只需及时进食就可以解决，但是人们的饥饿很大程度上是来自心灵空虚寂寞、精神萎靡的"情绪饥饿"，情绪饥饿会更让人感到难受，并有损人体健康。情绪饥饿是人没有精神支持、缺少情绪的亚健康状态。当我们没有了情绪的体验、情感的经历，我们就会一天天地麻木，从而失去自身价值的期盼和对生命意义的追寻，进而走向希望的另一面——绝望，容易产生自我否定以及丧失生命的活力。

现实生活中，很多成年人或是未成年人都曾饱受过情绪饥饿之苦。你有没有发现自己有时候不敢让自己停下来，或者害怕过节，因为一不上班，就不知道自己可以做些什么了。甚至就算在上班，你也感觉自己浑浑噩噩，上一天班，混一天日子，没有什么生活的动力。

情绪饥饿不只是对大人产生影响，现在的儿童也很容易因为升学压力或生活被安排得满满当当而产生情绪饥饿。患有情绪饥饿的儿童一种表现为冷酷、残忍、顽固、缺少同情心；另一种则是孤僻、怯弱、自卑。这两种特点都会影响儿童融入社会，甚至会让儿童做出危害社会的行为。

人需要有情绪和情感支撑，而吃是最容易和别人产生情感连接的一种方式。所以，我们约朋友吃饭通常不是为了吃饭而是为了缓解内心的空虚。当我们的生活越来越忙碌，忙碌得只剩下生存的必需——吃饭的空隙时，我们只好通过和别人吃饭感受到那一点点的快乐。我们吃饭的重点不是吃，而是和谁吃，而餐饮经济中的佼佼者也多是氛围和服务做得不错的，比如让我们感觉宾至如归的海底捞。

大多数人始终是喜欢和别人在一起的。一个人半夜翻冰箱只会翻个寂寞，一群人深夜一起找吃的就可以找个热闹。日本有一部电视剧叫《深夜食堂》，写的是一群人在凌晨吃饭的故事。现实生活中我们有时不可能和别人一起吃饭，可是我们有吃播。当我们没有办法和别人一起吃饭时，我们会关注吃播，因为我们觉得吃播们吃东西的样子好幸福。

现代的人基本已经没有温饱的焦虑，但是很多人活得十分空虚，这在很大程度上是因为我们只顾追求物质生活而忽视了精神生活，所以我们尽管摆脱了生存的饥饿，却陷入了另一种情绪的饥饿。当我们的情绪得不到发泄，我们欲望没办法得到满足时，我们中的一些人就会把注意力转移到吃播身上。吃播不一定非要吃我们喜欢的东西，但身为吃播人要长得有特色，能把食物讲得很有趣，我们要能从视频上看到食物的美味和人间的温暖。所以，有时你不是真正的饥饿，你只是情绪饥饿。那么，如何填补我们内心的空洞，让情感和情绪的需求得到满足呢？

以下建议参考了钟竹意和章远在《意林》中提到的五招缓解情绪饥饿的方法。

（1）培养兴趣爱好，充实业余生活。你可以选择运动、看书、绘画等自己感兴趣的东西作为一种业余生活的调剂，让自己内心的疲惫和压抑得到释放。整理一下屋子，写一篇日记，打扮打扮出去逛一逛，也许可以发现某一个让你心情愉快的点，也就没有那么难过了。

（2）给自己一个计划表，让自己每天都过得有目标有意义。当你有了目标有了想法时，你就会觉得生活有了希望，每一天按照计划生活会让你有更强的生活掌控感。我们觉得无聊是因为我们不知道自己究竟做了什么。如果我们能赋予自己拥有的和待完成的东西以意义，那么我们的生活就不会再空虚。

（3）限制对高甜、高油食物的摄入，因为高甜、高油会让我们变得不健康的同时让我们失去对身体的控制。高甜、高油饮食只会让我们越来越陷入多巴胺的圈套，影响大脑的正常运作。

（4）学会或参与一门艺术，无论是投入地表演，还是入迷地欣赏，都能使自己在一种特殊的意境中获得一种乐在其中的情绪。艺术其实是一种精神的体现，当我们融入艺术的场景，我们有了情绪的感受，精神得到升华时，我们便不会觉得空虚了。

（5）寻找机会体验情绪，比如强烈的爱的体验，或者是一次痛苦的体验，这同样可以解除饥饿，平衡心态。当我们有了对生活的感想和体会时，我们就不会觉得无聊，也不会觉得空虚了。人非草木，孰能无情？麻木才是对生命最大的不尊重。

除此之外，我想加一条共情。由于时间和空间的原因，我们没有办法有那么多姿多彩的生活体验，但我们可以倾听别人的感受。当我们多用心去体会别人的角度、别人的观点时，我们就会有更多不一样的生活感想，我们也就不会孤独和寂寞了。世界是由你我共同组成的，当我们完成了对世界和他人的链接时，我们便不会空虚了。

只有人是可爱的，生活才是幸福的。如何做一个可爱的人我们之前曾提到过，而要想过上幸福的生活，我们就需要有真实的情绪和情感。生理饥饿可以用食物弥补，情绪饥饿没有办法用物质填满，当我们将饱满的情感灌注在生活里时，我们便有了更多对生活的热爱。热爱可抵岁月漫长，当我们感受到了生活的激情时，我们便开启了生活的幸福之旅。

08

自律和内啡肽

前面讲了阻止人类进步的两大魔鬼"糖上瘾"和"情绪饥饿",那么有没有一种方法让我们一次性避开两大魔鬼走上人生巅峰,还可以快乐幸福呢?有的,这个方法叫作自律,自律可以让我们快乐的时间更久一点。

有一句话叫作"痛并快乐着",这句话说的就是良性自虐。宾夕法尼亚大学心理学教授保罗·罗津(Paul Rozin)提出了良性自虐(Benign Masochism)这一说法,也就是进行各种肉体的折磨以达到精神的愉悦,其中包括看悲伤电影、吃刺激食品、进行身体活动等。但这种良性不能超过可以忍耐的范围。

其背后的秘密在于良性自虐可以分泌内啡肽。不同于多巴胺的直接和简单,得到内啡肽需要经历疼痛。大脑受到伤痛刺激时,内啡肽就会进入工作模式,以此舒缓疼痛,这也是人体的自我防御机制。内啡肽其实和吗啡是一样的原理,可以镇定焦虑、缓解疼痛。内啡肽分泌的时候我们会感到轻松愉悦、食欲大增。但你知道什么时候最容易分泌内啡肽吗？当你认真思考、积极工作的时候。

内啡肽研究者、诺贝尔奖获得者罗杰·吉尔曼发现，学习和记忆的相关区域是人体最容易产生内啡肽的区域，因此内啡肽可以提高学习能力，激发灵感。除此之外，由于内啡肽多由学习或者运动甚至冥想而产生，所以内啡肽可以让我们开朗乐观、积极有活力，并促使我们不断进步，因此内啡肽可称为进步的快乐，也被称为"年轻的荷尔蒙"。所以说人们热衷于找刺激，实际上是为了找快乐。除此之外，内啡肽还能让我们充满爱心和光明感，积极向上，愿意和周围的人交流沟通。

我们周围有很多大咖热爱跑步，以前很多人只是稍微跑一跑，但是现在跑长距离的人越来越多了。尤其像马拉松这种人类极限的跑步，被越来越多的人接受。自虐的背后到底是为什么呢？内啡肽。需要注意的是，不是所有运动都能产生内啡肽，内啡肽的分泌需要一定的强度和时间。普通人需要跑步或者经过其他中强度以上的运动30分钟以上才会感受到内啡肽分泌的愉悦。

剧烈运动后产生的内啡肽是平静状态下的8倍，证明了人在精疲力竭时会突然出现打不死的状态。而在我们熟悉的马拉松跑步过程中，人们通常在半程马拉松7000米左右会出现疲惫，但过了这个点就会又充满能量。而在全程马拉松的35分钟左右时，往往被称为"鬼门关"，因为很多运动员跑到这个时候基本就耗尽了体内所有糖原。如果熬过这个点，很多人就可以起死回生般跑到终点。也就是说，身体在经历过疼痛之后进行反应，大脑会因此分泌内啡肽而让跑步者减轻痛苦。

一部名叫《走出荣耀》的节目里记录了两个跑马小白在2019年从报名全程马拉松到日常练习再到最后参赛的过程，耗时半年。让众人感到惊讶的是，这两位没有任何跑步经验也没有怎么练习的姑娘用意志力在最后的比赛中硬是坚持到了最后，尽管成绩不尽如人意。也就是说，人们可以借助内啡肽的魔力让自己在痛苦中获得重生，而坚持会让我们从绝境中走向成功。

延迟满足（Delay of Gratification），指的是个体为了实现更大的目标而选择放弃暂时的愉悦，也就是忍耐力。自律的目的是为了成为更好的自己。而健身、跑步或者其他饮食的控制能让人失去短暂的生理快乐而获得长期的效果（比如更好的身材）。

由于神经系统构造的差异，心理学家瓦特·米迦尔通过实验发现19个月大的婴儿身上也可以看出"延迟满足"的能力差异。实验人员把婴儿从母亲身边抱走，观察不同婴儿的反应。其中部分婴儿马上大哭，而其他婴儿则可以通过转移注意力来缓解焦虑情绪，比如摆弄玩具。米迦尔后续又去做跟踪实验，发现当初大哭的孩子5岁时依然无法抵挡棉花糖的诱惑，而类似行为差异一直跟随这群婴儿到成年，影响了他们个体的发展。也就是说，忍耐力强的孩子较忍耐力差的孩子更容易取得成功。

这里我们需要引入一个概念，叫作自证预言（Self-fulfilling Prophecy），它是指你会下意识地按照自己期待的那样行动，并且让自己的预言实现，而对别人的期待也会影响到别人的行为，最终获得相关成就。罗森塔尔曾在1968年做过一个实验，他随意选择了一些学生，并跟学校说这些学生聪慧过人，而在期末时他意外地发现，选中的学生确实表现出了比其他学生优秀的情况，这被称为罗森塔尔效应。这个实验在教育领域被广为应用，说的就是鼓励可以促进孩子的发展。

前面提到的跑全程马拉松的两个姑娘背负着所有人的愿望去参加马拉松，两人尽管缺乏系统练习，仍旧完成了比赛。由此我们可以得出，自律其实是为了实现未来的目标进行自我控制的过程。这个过程往往需要很大的毅力，不过通过自己的高期待和日复一日的努力，最终可以获得成功。

很多人在获得成功时，往往会谈起自己的台上一分钟，台下十年功。其实这里的"十年功"指的就是习惯。所以要想成功，就需要养成良好的习惯，因为成功只是水到渠成的结果。美国著名习惯研究专家、习惯学院创办人詹姆斯·克利尔在《掌控习惯——如何养成好习惯及戒除坏习惯》中提到养成习惯有四个步骤：提示、渴求、反应、奖赏。也就是说你已经准备好了成功，而最后你也习惯了成功。接着刚才跑全程马拉松的话题，在《埃鲁德》纪录短片中我们看到了马拉松世界纪录保持者、这个世界上唯一实现跑进两小时的人——埃鲁德·基普乔格苦行僧般的自律。他每天的训练作息如下：

6:10：和同伴们开始晨练。

8:00：吃早餐，交流想法。

9:30：训练之余，大家一起讨论昨晚的足球赛。

11:00：打扫宿舍。

14:00：做理疗。

下午其他时间，基普乔格和训练营的成员，还有教练们坐在一起聊天并且表示感谢。

从生理学上说，如果我们不断重复做某项事情，我们的神经细胞之间会建立联系，长期以来会变成自动化链接，这也是我们会无意识地每天都在进行一个生活轨迹的原因。比如我们说的三点一线，比如我们说的不自觉地去书店看书，去健身房锻炼，很多时候我们甚至会忘记吃饭等本能。因为我们的大脑对这些模式有了深刻的记忆，而这又形成了我们的生活习惯。查尔斯·都希格在其所著的《习惯的力量》里说了习惯的形成机制：我们大脑中有一个工作回路让我们的行为变成习惯。"提示触发渴求，渴求激发反应，而反应则提供满足渴求的奖励，并最终与提示相关联。这四个步骤一起形成了一个神经反馈回路，由此构成完整的习惯循环。"当你因为某种行为的奖赏获得愉悦感受的时候，你会刻意重复练习这个行为直至产生自动化的习惯。自律其实就是一种可以给人带来愉悦感受的习惯。养成好的习惯之后，你的生活越发有规律有目标，因而自律的人也更容易成功。

优秀来源于坚持。一边优秀一边快乐，这就是自律的作用。

而我个人认为：最好的自律叫早起。2017年的诺贝尔生理学医学奖颁给发现昼夜规律的杰弗里·霍尔、迈克尔·罗斯巴什和迈克尔·扬。"日出而作，日落而息"，我们老祖宗的道理确实是真理。换句话说，生命个体需要遵循昼夜规律和自己的生物钟，以此保证生命特征的稳定。自律，说的也是要有规律。我们也可以看到，大部分成功的企业家都习惯早起。

苹果 CEO 库克每天早上四点半起床写邮件，然后健身。

星巴克的米歇尔·加斯，早上四点半起床跑步，15 年如一。

生产力工具制造商 Ecquire 的创始人保罗·德乔（Paul DeJoe）给《快公司》写的专栏提到，早起更有自己思考的宁静时间，也让自己的工作更高效和富有创造力。

所以，明天你要不要试一下早起跑步呢？

09

积极心理学：乐观的人更长寿

上节我们说了自律的人容易快乐。自律的人由于长期受内啡肽的作用，也大多是乐观主义者，因为它们目光远大，还会不断激励自己通过忍受短期的痛苦实现长期的目标。

乐观或者积极心理究竟对我们人类有多大的好处？除了成功，还可以长寿。欧洲呼吸学会2020年国际大会上公布一项哈佛大学关于乐观有助于长寿的研究，该研究在8年中对70000名女性进行了调查，发现心态最好的女性死于心脏病、卒中（又称中风）、癌症、感染、呼吸道疾病的概率分别降低了38%、39%、16%、52%、38%。[8]

而哈佛健康博客《积极心理学的力量：在寒冷的海洋中寻找快乐》中，编辑卡希尔则结合自身在大西洋的游泳体验说明了乐观是一种持久的可以超越时间忘记疼痛的奇妙感受。而这种感受又称为心流，也说明乐观或者积极的心态可以让人忘记生理的疼痛，减缓疾病的恶化，有延年益寿的好处。

当前，也有越来越多的人开始将心理学从过去人本主义心理学对病人或者缺陷的研究转化到健康个体的进步和对社会的帮助，提出科学应该在于建设而不是修补，积极心理学开始受到越来越推崇。

积极心理学之父马丁·塞利格曼是国际积极心理学会（IPPA）终身荣誉主席。作为一个积极心理学家，塞利格曼一辈子都在思考为什么有些人会特别痛苦，为什么有些人会特别幸福。而最让人感动的是，他有一个很独特的观点，尽管幸福不一定会带来成功，但是幸福的人都特别注重自己和社会的关系，也就是会帮助和关心他人，这种和社会的良好互动会给幸福的人群有更持久的喜悦。塞利格曼更加关注人的美德，包括智慧、节制、正义、人道、超越、勇气（有没有觉得这些词语很熟悉，没错，我们在大师是如何炼成的那一节能量层级中正能量那一端的所有优良品质这里又一次出现了）。你的能量决定了你的成就，而你的态度决定了你的人生。

长寿而又成功的塞利格曼在其《持续的幸福》里写到幸福人生的5个元素：

P= 积极情绪（Positive Emotion）

E= 投入（Engagement）

R= 人际关系（Relationships）

M= 意义和目的（Meaning and Purpose）

A= 成就（Accomplishment）

结合当下大环境，我重点说两项建议：认真和宽恕。认真也就是投入，你有没有沉浸式地享受你的工作和生活，前面的那个哈佛编辑卡希尔体验游泳的例子也说明了投入的好处。

投入能让你忘记实现目标过程中的疲惫，也能让你在一定时间内更高效地完成任务。宽恕指比如：疫情当前，剧烈的变革之下你对疾病，对高科技能不能适应、接受，对周围人的思想价值观和不同的文化冲击可不可以容忍。这个非常重要，因为我们也不知道未来会出现什么状况。未知会带来不适应，你可不可以接受这一切决定了你能不能适应这一切。不被影响，才能活出你自己想要的人生和比以前更幸福的人生。

2020年年初，北京朝阳医院眼科医生陶勇出诊时被诊治过的患者砍伤，造成左手骨折、神经肌肉血管断裂、颅骨外伤、枕骨骨折，一度有生命危险。2020年年末，陶勇带着受伤的左手走上脱口秀舞台，乐观地告诉大家："我很好，还在工作，请大家放心，不要担心医患关系。"

对于自己被砍的遭遇，陶勇用幽默表示："在人挤人的医院里'精准'砍伤我，难道还不能说明他视力恢复得特别好吗？你还想要什么效果？非得拿飞镖扎中我吗？"对于自己恢复工作后依旧选择原来的诊室，陶勇这样解释道："最危险的地方就是最安全的地方。"对于自己被袭之后医院加强安全措施，给陶勇的诊室开了一个后门这一举动，陶勇幽默地说："我跑的时候可以多一个口，可你有没有想过，坏人来的时候也多一个口。"

陶勇一开始并没有像脱口秀上表现得那么乐观。想起自己可能无法拿手术刀的左手的情况，陶勇曾经对未来发生过迟疑和迷茫。但是，当他想起自己以前的病人也曾经遭受到苦难，也经历过生死，逐渐想开了，鬼门关的经历让陶勇对自己和他人的生命更加敬畏，也坚定了他继续为医疗事业发光发热的决心。

陶勇在自己的文学随笔集《目光》中这样写道："我时常问自己，何德何能拥有这么多人的爱，而这些爱不掺杂名利、目的，是最真切的爱护。他们是不幸的，上天在他们的眼前蒙上了一层黑纱，但他们的内心却通透明亮。"陶勇是不幸的，陶勇又是幸福的。我们在前面的复原力的内容里曾经提到过周围环境对幸存者的影响和幸存者对灾难的认识，直接决定了灾难会让幸存者陷入绝境还是重获新生。乐观的陶勇因为没有被打倒，收获了更多的爱和温暖，职业生涯也上了一个新的台阶，对人生的理解又多了更深层的意义。

陶勇确实是一个好医生，他的乐观也感动了无数人。在现实生活中，我们一定会遇到一些我们意料之外的事或者其他事业上、生活中的小摩擦。话说回来，开心也是一天，不开心也是一天，为什么不选择开心呢？既然乐观有那么多好处，而且也没有那么难实现，为什么不试一下变得乐观一些呢？

"积极心理学之父"塞利格曼在《活出最乐观的自己》一书中写到如何乐活人生的 ABCDE 五个步骤——发现不好的事（Adversity）—出现消极想法（Belief）—得到的情绪后果（Consequence）—对消极想法进行反驳（Disputation）—激发（Energization）了别的乐观的想法并且依旧开心地生活。塞利格曼是这样形容对厄运的反击的："当它们来临时，请注意聆听你对自己说的话。且你有消极想法时，反驳它，把它踩扁，不让它再露头。"

在陶医生的散文集《目光》的封面，我看到了这样一句话："我相信，每一双眼睛背后，都是光明。世界如此美好，值得我走这一遭。"

10

跳舞与审美心理学：人们为什么爱跳舞

BBC 在节目《人们为什么爱跳舞》里面报道了一个实验，牛津大学心理学博士布朗温·塔尔河（Bronwyn Tarr）主持带领团队，把 264 名巴西学生分成两组做不同的舞蹈对比调查。研究中先让一组成员学习全身动作，而另一组学习某个部位主导的舞蹈（比如手指舞），让所有动作都学会的学生先做个人展示，再和团队一起表演。结果发现，只有在团体表演的时候，队员的大脑分泌的内啡肽健康值才会上升。而且效果产生和动作幅度无关，也就是说，做手指舞和其他舞种效果一样。

跳舞的人感情多丰富，原因是大脑在长时间的记忆思考中产生的多巴胺会让跳舞的人积极向上，团队舞蹈会让一群跳舞的灵魂产生共鸣。我们可以发现，从古至今，大家都很喜欢一起跳舞。比如，围着篝火跳，在沙滩上穿着草裙跳，在广场上跳。而风靡全球的广场舞，其实也不只是中国大妈的专属。有一种舞蹈叫"尊巴"，也是国外的

"广场舞"。广场舞这种全民参与动起来的健康生活方式，让跳舞的大妈受到了音乐的熏陶，同时也感染了周围的观众。甚至，很多年轻人也会被魔性的音乐吸引，加入广场舞方阵中，踩着节拍，和大妈一起不知疲倦地跳着。

德国科学家卡特琳·雷费尔德博士的一项神经学研究报告称[9]，老年人经常参加体育锻炼可以延缓衰老过程中的脑力和体力下降迹象，而体育项目中跳舞的效果最优。研究组主要是对比两种运动，分别是跳舞与耐力运动。研究发现：两者都会增加大脑中因老化而缩减的区域，但比较后，唯有跳舞能够导致明显的行为转变，譬如平衡改善。研究人员邀请 62 位年龄介于 62~80 岁的人参与测验，随机分配到跳舞组与控制运动组。通过选出 52 位符合条件的人进行研究，两组人员都要学习跳舞或者练习运动 18 个月，每周一次。

结果发现，只有舞蹈组的人的海马体（负责长期记忆的区域）左侧的子区范围会大量扩张，右侧的下托也出现扩张的变化。由于舞蹈动作需要手脚协调，思考并且记忆步伐，对大脑的锻炼比其他固定动作的运动要好，所以舞蹈是所有抗衰老的运动中最有效的。科学家知道运动可以对抗大脑老化速度，现在通过此研究，更加了解对抗大脑老化需要经常变化的动作，所以，舞蹈比规律性运动如骑脚踏车与走路效果更好。

舞蹈是一项古老的运动，在人类文明起源前就已经出现，在祭祀、礼仪里都有运用，是人们生活的很重要的一部分，也是一种艺术的呈现。艺术能给我们带来心灵上的震撼，给人视觉的冲击，从而刺激大脑分泌多巴胺。人与生俱来喜欢美的事物，而跳舞则能很好地表达肢体之美和生命的力量。舞蹈的鲜艳着装还能让人有赏心悦目的感受。由此，我想起了另一个词汇——审美心理学。

中国美学心理学研究者朱光潜在其1931年出版的《文艺心理学》中提到美感经验其实是一种忘我的境界。我们在欣赏的过程中，渐渐融入表演中或者艺术品的呈现中，不知不觉产生移情作用，甚至情不自禁地产生生理的变化。美感经验中的形象不是固定的，所以一千个人心中有一千个哈姆雷特。我们对同一个艺术形象也有着自己的想法，这也增强了我们对艺术的感悟和理解，也说明了艺术的多样性。比如：人们热衷看舞蹈，除了看舞蹈演员的婀娜多姿，更重要的是体会创作者的心情和内容并且产生共鸣。艺术具有很高的审美价值，无论是表演者还是欣赏者，都会被艺术的魅力所吸引，也就是说，跳舞的你是十分迷人的。

你有没有觉得，跳舞时音乐响起的那一刹那，你就不由自主地晃动摇摆了起来。是的，音乐，尤其肢体语言加进去之后，让人更加沉浸其中。跳舞的音乐往往节奏感非常强烈，可以给人带来皮肤高潮。

安斯利·霍索恩（Ainsley Hawthorn）博士发表在《今日心理学》上的《你试过皮肤高潮吗》一文中指出，皮肤高潮（Frisson）是由于感受到某种体验而出现的无意识的身体反应，比如起鸡皮疙瘩、颤抖、出汗和全身的肌肉兴奋。

综上所述，舞蹈可以增强集体参与感，抗衰抗老，还能让人容光焕发，对人的心理有积极的促进作用，比如自信。

跳舞的人基本都是很自信的，相信自己在音乐中是最美的、最棒的。跳舞还可以减轻焦虑。跳舞的人会形成舞蹈圈子，圈子里的每个人都会在交流舞蹈的过程中提高舞蹈技能和审美情趣。我们会说跳舞的人有气质，实际上，无论是舞蹈动作的优雅舒展，柔和力，还是舞蹈外人与人之间的互帮互助、彼此鼓励，都可以给人的生活带来积极的作用。因此，不要害怕你是否已经过了学习高难度舞蹈的年龄，或者害怕自己手脚僵硬没办法做出某些动作，豁出去，适当地放飞自我，你会发现舞蹈会给你带来另一个世界，你所从未看见过的美好世界。

如果你觉得自己放不开，没法跳舞，怎么办？你还是可以选择另外一种方式——唱歌。现代人喜欢唱歌，无论是卡拉 OK 房进行团队建设的年轻人，还是早上在公园合唱团训练的老年人，都喜欢在业余时间唱歌。为什么大家喜欢唱歌？因为唱歌可以缓解焦虑，释放压力。

《保健时报》的一篇《唱歌：保持身心健康的"天然良药"》通过介绍英美国家的不同生理学实验，表明了唱歌的四大好处：增强人体免疫功能；分泌催产素，使人产生幸福感；训练神经通路有益学习；改善忧郁症状。唱歌可以促进我们的身心健康。通过唱歌，我们可以感受到生命的喜悦，可以和别人一起分享喜悦。我们也可以让自己的负面情绪得到缓解。唱歌的方式有很多种，我们可以怒吼，可以说唱，可以随着音乐左右摇摆，借音乐表达我们平时不敢表达的情感。

之前我们在"情绪饥饿"一节写过很多人通过吃东西和观看吃播来让自己的情感有所表达借此填补自己内心的空洞。吃东西需要控制,但是唱歌可以想唱就唱。当你觉得寂寞或者无助的时候,试着唱歌吧。疫情期间,我们可能没有办法再去封闭的场所进行集体活动,没有关系,我们自己可以下载一个软件,没事跟着屏幕唱几首我们喜欢的歌。不能唱的话,听也行。很多人喜欢听音乐,摇滚乐或者轻音乐,其实都是感知情感、感受生活的方式。音乐可以帮我们训练神经回路,音乐的声波可以令大脑处在一种兴奋状态。听好听的音乐我们会更加积极地学习和工作,并且更加自信地生活。艺术之美其实就是我们对生活或者对精神的一种追求。人是有情感有灵魂的高级动物,只有我们的物质生活和精神生活相互匹配,我们才会活得更加健康,更加幸福。

如果你不擅长唱歌也不擅长跳舞怎么办?那咱们可以去读读书。下一节我们会说到焦虑思维,其实也是来源于一本《跳出猴子思维》的书,这本书的内容非常形象也非常生动,建议你可以去看一下。

11

你为什么会焦虑

我们在"自律和内啡肽"一节里提到过,如果我们不断重复做某项事情,我们的神经细胞之间会建立联系,长期以来会变成自动化链接。这也是我们会无意识地每天都在进行一个生活固定模式的原因。如果你每天都在担心这担心那,你的大脑就会产生神经反射和化学反应,因而你长久以来都没办法摆脱烦恼。这种情况就是我们熟悉的猴子思维,也就是焦虑情绪。

美国知名心理治疗师詹妮弗·香农将焦虑思维比喻成一只小猴子。通俗地讲,焦虑仿佛一群猴子跳过来跳过去,占据了我们大脑的有限空间,使得我们没有办法去考虑真正重要的事情。我们为什么会产生焦虑思维?因为人的祖先在自然界的时候就已经有了防御的意识,为了生存,不得不下意识地警惕周围所有的环境并且进行检查,以确定百分之百的安全。

焦虑其实就是一种过度的害怕,焦虑思维指的是你觉得你会遇到危险，你觉得你没有办法抵御危险，所以你会想象，想象周围的一切都是对你不利的、有潜在危险，你做的每一件事都会有不良的后果。

你对别人的预期和实际的误差也会让你产生焦虑。这里讲个你会产生焦虑的情况：你认为陌生人不可能对你友好，于是你会把一个陌生的善意的微笑想象成他对你图谋不轨；你认为熟悉的人一定得对你友好，所以你会把一个深爱的人一次未回的消息理解成他不爱你了；你觉得你应该这样做，结果你没做好；你觉得你不应该这样做，结果你做了。你每天因为自己的不够完美和他人的不够完美而变得非常焦虑，也会对还没有到来的未来进行设想和自我预判，所以想来想去，没完没了。于是，焦虑产生了。

焦虑的人往往生活一团糟，因为所有事情都不在自己的掌控范围之内。怎么办？我们来换一种思维——积极思维，去思考消极猴子。永远不消停的猴子爱吃什么？香蕉。

猴子是又多又吵，香蕉可是又香又甜。香蕉思维指的是我们内心其实没有很确定是否有香蕉，不过我们还是很想找香蕉（快乐或者其他一切美好的东西）。

既然猴子思维是让我们如此难过，那么我们就可以用香蕉思维替换掉它。猴子思维其实就是反复地确认安全，香农的《跳出猴子思维》提到了猴子思维中的三种模式，也就是安全策略：

IOU（Intolerance of Uncertainty）= 无法忍受不确定性

P（Perfectionism）= 完美主义

OR（Over-responsibility）= 过度负责

（1）我一定要确定才行。

比如，我喜欢列一些计划，完不成会很难过；我会写预算，钱花多了会很沮丧；经常骚扰我的朋友们，看他们对我的态度是否依旧很友好；在去旅游之前我一定要预订好酒店、景点门票，不然我没办法安心睡觉。

香蕉思维：我其实无所谓确定不确定，香蕉总会有的。香蕉这里没有那里也会有。没有潜在的风险，处处都是机会。这个计划没完成，说不定我有了新的更棒的想法；钱花了是因为我买了我更喜欢的东西；我的朋友不会因为我的冷落或者热情而变得关系更好或者更坏；旅游要的是放松而不是按计划工作。

（2）我一定不能出错。

比如，我这个稿子要背很多次，因为一个字都不能出错，连声调也得规定好；我每天的工作模式都必须非常顺畅，如果哪个人中途打断了我，我会很焦虑；我的男朋友必须在节假日给我准备礼物，否则他就是不爱我。

香蕉思维：香蕉捡一根丢一根也可以，我们其实就在一个巨大的香蕉园中。香蕉，这根不甜另外一根可能比较甜；稿子可以随性发挥，说不定还可以做个小互动；工作嘛，本来就是为别人打工，很多东西都是不可控的；男朋友一定是爱我的，所以我要不要给他准备个礼物呢？这里也牵涉到乐观，请参考之前写乐观的那一节。

（3）我必须亲力亲为。

所有人都必须按照我的想法活动，否则我觉得我很没用；我觉得整个项目会因为我的工作失误受影响；我的小孩会因为我不合理的安排表现得不如想象的好；我的老公就是因为我平时对他关心不够，所以我们的关系越来越差了。

香蕉思维：找香蕉还真需要靠别人，因为香蕉本来就不是均匀分布于香蕉园里，需要技术也需要运气，说不准有哪个猴子丢了几根香蕉。凡事随缘，相信自己也相信别人。我们都不是谁的生活主宰，甚至我们自己的生活都会充满惊喜和挑战。人本来就是群居动物，会被别人影响，也可以影响别人。所以做好你自己的那一部分，问心无愧，给身边的人甚至给自己多一点空间，多一点时间，多一点包容，这样每个人都可以活得更轻松，也更愉悦。

我的老板是会帮助我的，我只要认真做我自己的那一部分就一定可以帮助整个项目；我的小孩说不定有其他才能没被我发现；我的老公只是这段时间比较忙，所以两个人沟通机会比较少。

当我们用香蕉思维，也就是把对猴子这个不确定的动物的聚焦，换成一个对实物，而且是一个不确定的但是可以为我们生活带来美好的东西的聚焦时，我们就会更加宽容，更加放松。宽容放松的同时，我们就会更加容易获得我们想要的。

我们说一下焦虑的害处。这里举一个例子叫"知识焦虑"。以前的焦虑指的是精神方面的问题，而信息大爆炸时代知识也成了一种我们焦虑的源头。为什么会焦虑？因为我们的大脑运作的速度跟不上时代变幻的速度，我们大脑的容量没办法承载信息大爆炸时期扑面而来的海量信息。当我们需要每天面对信息的轰炸和社会的变革，我们的知识不够用，我们的大脑不好使，我们遇到潜在的被社会淘汰的威胁时，我们就会产生焦虑，对于知识的焦虑。

知识焦虑下，我们会想方设法地用最短的时间，学最多的、最有效的、最符合社会潮流的知识，甚至通过购买付费知识来缩短我们读书思考的时间。后果是我们为知识花了大量的时间和金钱，可是什么都没有学到，还越发焦虑。为什么我们那么用心依然学不好？因为焦虑会影响学习效果。你以前考试的前一天临时抱佛脚有用，因为有适当的焦虑。为什么你买了付费知识没用？那是因为你在每天的焦虑循环中已经崩溃了，哪来的学习效果。

你有没有想过，如果你不焦虑，学习效果会怎样呢？

心流（Mental Flow）在心理学中是指人们沉浸在某种创作思考过程中忘我的状态。心流会让人感到极致的愉悦和放松，写作、游戏等需要集中精神思考的活动容易产生心流。心流由于身心高度集中会产生大量的内啡肽，所以人们在心流体验中感受不到其他的干扰，有很高的工作效率。

当你真正进入专注的状态，其实你是不太会想一些琐碎的事情的。之所以容易产生焦虑，是因为你没有真正发觉可以让你全身心放松的事情，你一整天都是压抑的。所以，我建议你去尝试一件可以让自己有心流体验的事情，比如下棋、看小说、做饭、唱歌，甚至你可能不是特别喜欢的事情，即使适时地发发呆，看看窗外，让自己放空，也是一种释放。现实生活中我们会去刻意地追求心流，这其实又陷入了猴子思维的第二种和第三种状态，即完美主义以及亲力亲为。我们追求的是一种无意识而不是刻意，因为快乐不是我们自己研发出来的，而是我们自己感受到的。

综上，香蕉思维的三个关键词是：随意、乐观、平静。

当焦虑消失时你会变成什么样子？在《跳出猴子思维》里作者给出了一个公式：焦虑 × 欢迎 = 韧性。韧性说的就是我们百折不挠的精神，之前在复原力一节也讲过坚持的作用。最后，建议大家以开放的心态迎接消极猴子，因为在我们适应它们的时候，我们也变成了一个更强大和更乐观的自己。

12

为什么会有完美主义：完美主义人格分析

I was perfect.（我完美了。）

——《黑天鹅》

在电影《黑天鹅》里面女主角妮娜心中白天鹅与黑天鹅，其实就是人的光明和黑暗面。我们厌恶自己的黑暗面和对自己的压制很多时候都会适得其反。妮娜一直都像是被母亲庇佑的白天鹅，单纯、乖巧、认真。

一直在生活和艺术中扮演白天鹅的妮娜最终还是因为对艺术完美的追求坠入了内心的深渊，完成了黑天鹅的蜕变和艺术的牺牲。妮娜的母亲和妮娜都是完美主义者，只不过两个人都是不健康的完美主义者，也都是非适应性完美主义者。

完美主义（Perfectionism）其实也是矛盾的共同体，它表现在希望追求卓越，更加好，但又不能容忍一丝错误，因而耗时耗力。有研究者将完美主义划分为适应性与非适应性两种类型[10]。适应性完美主义追求卓越，超越自我，反映个体对个人高标准和成就的主动追求，适应过程中的失败，不会对自尊造成无法恢复的损伤，也就是健康的完美主义。而不健康的完美主义叫作非适应性完美主义（Maladaptive Perfectionism），之所以说是不健康，原因是在大部分时间中个体往往并没有在进步或者提升，是在追求避免犯错而不是追求完美。不健康的完美主义包含以下特点：

· 永远不会认为自己已经付出了足够的努力；

· 总是想着应当做得更好；

· 将自我满意和自我满足当成是懒惰和软弱的标志；

· 过分强调将事情做到最好；

· 自行设定不可能达到和不合理的高标准；

· 当试图实现过高的目标失败时倾向于进行深度的自我批评；

· 高估所取得的成就；

· 低自我价值；

· 选择性地关注错误方面（失败），忽视积极方面（成功）；

· 基于成就来评价自己，而不是做真实的自己。

合理的完美主义有助于成功和价值的实现，但是不健康的完美主义会阻碍人的生活，产生比如有拖延症、强迫症、抑郁症甚至严重时会产生精神分裂。《黑天鹅》中最后一幕想必大家都印象深刻：I felt perfect. I was perfect.（我感受到完美了，我完美了。）前面说到原生家庭对小孩完美主义倾向人格的影响，而《黑天鹅》中女主角在母权的干涉中最终走向了毁灭，也是重生。电影里其实说的是女主的自我觉醒和在各种力量控制下的平衡与挣扎,而这些看不见的力量来自自身和他人,甚至整个社会。母亲对女主角妮娜的那种爱是恐怖而又奇怪的,甚至情况已经超出了正常范围,导致女主不得不去反抗以至于自己给自己制造了更多的囚笼。

现实生活中,我们说的完美主义者大部分是指斤斤计较、过分追求细节的非适应性完美主义者。这部分人的重心不是在于哪里更好而是在于哪里不好,也就是错的那一部分。三位英国心理学家罗兹·沙夫曼、莎拉·伊根、特蕾西·韦德联合出版的《克服完美主义》中谈到,完美主义者通常只关注没有或者未实现的部分,忽略已有的成功和好的那一部分。完美主义者的消极情绪十分严重,经常会因为一点小事或很细节的部分责骂贬低自己或者迁怒于他人。而哈拉·埃斯特罗夫·马拉诺在《今日心理学》中的《完美主义的陷阱》里面提到,完美主义者大多来自小时候父母对自己的过高期望,而在这种不断被控制被引导的生活环境下,孩子逐渐变成成功的追逐者,同时也让他们专注于失败,使他们陷入一生的怀疑和沮丧之中。

完美主义者除了自己很难获得成功以外,在日常生活中也会遇到交往的阻力。完美主义的压力同样阻止人们发展社交技巧和情感调节技能。我们工作的时候会害怕完美主义者的领导,原因是他们会对我们一些细小的错误揪着不放而忽视了我们的成绩。生活中我们也会有意地和完美主义者的朋友保持距离,因为一不留神可能就会刺激到对方敏感而又脆弱的神经。负能量是完美主义者最大的一个体现,也是影响完美主义者社会属性的一个方面。消极的心态也是区分完美主义者和追求卓越的人的标志。上一节说的消极猴子,很多时候也会出现在完美主义者的脑子里。而这种消极思想也深深影响到了完美主义者的身体健康。《医药前沿》中《完美主义者易早亡》一文通过介绍不同国家的研究成果,表明完美主义者容易有睡眠障碍、心脏病和肠胃病。

对于完美主义者来说,他们无法真正地放松,也没有办法完全地相信别人,而在缺乏和周围人互动和支持的情况下容易陷入思维的死胡同。因此,完美主义者人群多容易孤僻,负面情绪也无法得到正确缓解。他们认为错误来自自己,也需要自己解决,别人帮不了自己,这种将所有负面结果指向自己的坏处就是一个人需要承担不止一个人的压力和痛苦。

完美主义其实大部分来自后天,尤其是早年家庭的影响。国内的王敬群、梁宝勇在《完美主义发展模型综述心理与行为研究》中谈到了完美主义者形成的不同模型,包括社会期望模型(来自父母对子女的期待)、社会学习模型(小孩因为父母的期待努力做到完美)、社会反应模型(我只有完美,别人才会满意,不会伤害我)、焦虑抚养模型(父母过分关注子女的错误和消极面,比如当心小孩犯错误)、整合模型(周围文化、环境影响,在父母、老师其他因素的综合下导致的)。

说回到文章开头提到的《黑天鹅》这部电影。妮娜的妈妈和妮娜其实都是完美主义者。妮娜的妈妈原本是一个芭蕾舞演员,因为怀孕而被迫中断舞蹈事业,所以把所有未完成的梦想都放在了妮娜的身上。

妮娜必须按照母亲的要求进行舞蹈练习、穿衣打扮，甚至从工作到人际交往，都必须遵循母亲的思想意志，做一个完美无瑕的"白天鹅"。

无法按照自己意愿生活也是后来妮娜无法控制自己欲望或者平衡自己内心的恶和善的主要原因。妮娜希望有人可以给自己多一点支持和鼓励而不是一味地打压，或者有那么一个人可以给自己更多、更全面的人生建议，而自己的母亲完全没有意识到人不可以过分完美这个道理。

完美主义者的母亲造就了胆小不自信的完美主义者的女儿。当完美主义者无法得到周围人的帮助并且自己无法适应所处的环境时，必然会出现精神上的崩溃。这也就是妮娜后面常常处在幻觉和现实的转换中而丧失真实的自我的原因。

说到这里，就不得不提因完美主义导致的强迫症。强迫症的内容我们将会在下一节描述，其实根源还是来自非适应性完美主义导致的失误零容忍以及各种固化行动和永远无法停止的思考。而这种不确定和不自信又会让完美主义人群在不断的自责中惶惶度日，甚至终日愁眉苦脸，对所有的正面评价无法采纳，出现抑郁倾向。

对于外界的赞美，完美主义者不相信；对自己的优势，他们也不自信。因此，完美主义者时时刻刻都是紧绷着的，无法轻松，也很难感受到快乐。而这种对自我的不自信以及对他人意见理解的偏差，又会让完美主义者抗压性低，也就是很小的一个细节都可以成为压垮完美主义者的一根稻草。

话说回来，完美没有不好。正因为我们意识到了许多缺陷，我们才可以改进。而我们的人生其实也是一个改进的过程。不过，凡事有个度，过于重视缺陷缺点一定会让人忘记真实的行动目标，在浪费了大量时间精力的同时，也会造成对自己和对别人的困扰。所谓严于律己、宽以待人，很多时候对自己也需要一份包容和理解。

我们有自己的长处，就意味着有自己的短处。看待事物需要考虑整体和部分的关系，我们在苛求部分的同时很可能就得不到整体的功效。凡事需要注意一点，如果一件事并没有本质地影响到自己或者别人的生活或者生命价值的实现，就不要过多地去在意每一个可能会让你崩溃的细节。每一个人都是不完美的，但每一个人都是美的。

以下是修正非适应性完美主义的几个建议：

（1）给自己多一分包容，多一点空间。我们可以适当地降低目标或者完成的准确度和计划的匹配度。

（2）设定每件事需要的时间，合理分配时间精力。比如，我今天只能花半个小时洗衣服，我只能花一个小时去做饭，防止因为过度检查而导致事情无法完成影响后面的计划。

（3）给周围人一个玫瑰色滤镜而不是戴有色眼镜。玫瑰色滤镜指对方的优点被放大，看起来一切都是温暖的美好模样。玫瑰色滤镜本来并不是褒义词，但是在本节内容我们希望大家多从美好的角度去对待别人，而不是用批判的眼光。

很多时候我们对他人、对生活的不满正是来自自己的角度甚至是偏见。每个人看问题的角度不一样，认知水平也不同。为什么不多一分谅解、少一分斤斤计较呢？完美主义者不同于乐观主义者，他们对于自己的困难有更多的想象，从而忽视了生活中真正美的部分。完美主义者对于小概率事件的担忧造成了对整个生活的进程都十分不自信。对于正常人来说，我们希望还是还原生活本来的样子。但对于过度紧张的完美主义者来说，建议适当加一点玫瑰色滤镜。

所谓"金无足赤，人无完人"，我们是不是应该用辩证的方法让每一个潜在的风险都变成机遇，同时也用更宽容的心态去对待自己对待别人呢？我们平时所说的优点，不正是我们可爱的地方吗？那些突然掉线的时刻，也许就是生活的高光时刻。

13

你是强迫型人格还是强迫症

现代生活节奏很快,因为时间有限,人很容易紧张和焦虑,比如总感觉门没锁,或者桌子没擦干净,或者某个字引发恶心等。怪癖人人都有,但当一个人的怪癖成了习惯,并且影响了正常的生活,我们就叫它强迫症。

根据世界卫生组织(WHO)所做的全球疾病调查,强迫症已成为 15~44 岁中青年人群中造成疾病负担最重的 20 种疾病之一,被称为"心理的癌症"[11]。大多数人都听说过强迫症,但是对其情况的认知却多有混淆。一般人认为强迫症是一种行为怪癖。

实际上,强迫症是种严重的疾病,可以使患者深受其害,其症状为反复出现、不断给患者施以精神折磨的古怪念头和身体行为如反复洗手等。科普作家大卫·亚当在《停不下来的人:强迫症自救指南》中描述了一些强迫症患者的行为模式,比如,中度强迫症患者贝拉会把家里一堵墙啃得干干净净。书中提到另外一个巴西强迫症患者马库斯特别担心自己眼眶的形状，担心到他一天到晚都在想这件事，所以会强迫自己不断用手指触碰眼眶，结果到最后把自己的眼睛给戳瞎了。

强迫症病人平均每天差不多要花 6 个小时在自己的强迫思维上，还要花 4 个小时进行强迫行为。所以强迫症表现在无法控制地反复做着无意义的事，还有可能让患者有消极思想主导的无意义重复的自残行为。这和我们的习惯或者只是单纯的重复性思维还是有很大区别的。

强迫症的来源多数是遗传和家庭。2017 年，英国《自然·通讯》杂志发表的一篇遗传学论文报告称，美国哈佛大学和麻省理工学院旗下的博德研究所的科学家团队建立了一个包含 608 个基因的候选基因库，通过对 592 名患有强迫症的欧洲人后裔进行调查，在对比 560 名有同样祖源的志愿者的基因之后，找到了 4 条和强迫症有高度关联的基因。也就是说，强迫症（OCD）和人类基因变异相关 [12]。

2020 年 3 月 10 日，《精神病学时报》发布由多名科学家的题为《强迫症与躯体疾病共患剖析》的论文。

文章指出，强迫症多在儿童晚期、青年或成年早期发病。强迫症的病理尚不清楚，主要是临床表现的异质性与焦虑症、抑郁症或双相障碍的共病率较高。强迫症症状也难以识别，强迫观念和强迫行为源自患者自己的内在动机。由于患者对此缺乏了解，大多会感到难以启齿，尽量在别人面前掩盖而增加了内心的痛苦。正因为难以启齿，他们会在病后 8~10 年才会就医。

强迫症患者的生活多孤独，缺乏锻炼，并倾向于吸烟喝酒等不良习惯。弗洛伊德注意到，强迫型人格的典型行为与儿童在肛门期排便行为训练过程有关。被家长控制和规定的体验会让儿童产生愤怒情绪和攻击幻想。儿童在父母的控制和管教下容易自我怀疑和不安，通过攻击性想象的排便行为使自己获得掌控、守时、整洁和条理分明。一旦感到失去控制、不守规则就会产生不良情绪，并且成为日后心理行为退化的基础。一旦个体遭遇外部压力，便会重现肛门期的冲突与人格特征。弗洛伊德认为强迫症是病理的强迫性人格的进一步发展，是由于防御机制不能处理其焦虑的情景时产生了强迫性症状。

根据学习理论中的习得定义我们可以看出强迫实际上也是一种"学习"。习得性指的是人在后天生活中由学习得来的心理特性。强迫症也是一种"习得"，因为强迫症会有三个阶段：诱发—形成—巩固。也就是说强迫症的人最开始只是不由自主地产生一些不好的想法，这叫诱发。然后，这个想法会被强迫症的人进行过度联想，即和一些不可能产生的不好的事做联想，这叫形成。最后，强迫症的人会害怕不好的事情产生而反复做某件事来减少焦虑，这叫巩固。

举个例子，你今天玩了泥巴，你想洗个手，结果你觉得手洗不干净会得病，于是你洗了两次。慢慢地，你会不自主地洗手而且洗很久，原因是你觉得如果不经常洗你就会得病，到后来你一天当中的四分之一时间都在洗手，直到把手都洗破皮了你还是不停地洗，于是强迫症就形成了。而强迫从诱发到形成过程说的是你为了消灭恐惧而产生了仪式性行为，也就是你通过学习和努力变成了强迫症患者。

值得一提的是，强迫型人格倾向和强迫症有本质的区别，有强迫型人格倾向的人不一定有强迫症，而有强迫症的人也许只是某个方面表现出强迫症，而不是所有事情都是固化的重复举止。强迫型人格障碍多指的是思想精神范畴，我们需要明白两者的区别。在讲强迫型人格倾向之前，我们先把强迫行为和强迫症状弄清楚，防止轻易给自己下"强迫症"这样的推断。

第一是时间。比如，你会不会在洗手这件事上花一个小时，而正常人也就是洗个一分钟。比如，你的脑海里循环出现一首歌的时间会不会超过一小时甚至每天都在循环？而正常人喜欢一首歌是会按下暂停键并听听其他歌的。正常人也不会因为不喜欢听而继续听，听到自己吐为止。

很多强迫症患者生活中大部分时间都是在重复某一项或者多项机械化的举动，而这个举动本身是无意义的、令人不悦的，而且会影响到强迫症患者的基本生活。也就是说，强迫症会出现是因为需要服从某种心理的暗示放弃了其他的生活和工作部分，比如前面提到的那位巴西强迫症患者担心自己眼眶的形状把自己给戳瞎了。

第二是"反强迫"。也就是说你会不会因为担心强迫而产生压制性的想法。比如，你觉得洗手洗那么多次不好，所以这一次你拼了命让自己控制在一定次数，但是下一次你还是照旧做同样的行为，因为你觉得不需要每次都控制自己的行为。听歌的案例反强迫的表现在于其实你自己也没有特别喜欢那首歌，但是你会逼迫自己听，听到吐为止。

"逼迫"说的就是压制,就是反强迫。很多人说治疗强迫症是不是需要采取某种行动?这个就犯了"反强迫"的死循环。因为强迫症不需要去控制,强迫症的康复要点在于不控制,所以任何对强迫症状试图控制和担忧的想法都只会加重强迫症状。

《脑锁:如何摆脱强迫症》一书中描述:"脑部的自动传输装置发生了故障,大脑被卡住了,不能顺利换挡到下一个念头上。大脑被卡住的时候会给你发出错误的信号,比如再洗一次手,再关一次门。"

我将强迫症比喻成一个快要变成死结的活结,你越是动它它越紧,于是你就真的没办法自愈了。值得一提的是,重度强迫症确实需要用药,但是绝大多数强迫症患者意识到这个问题的时候说明还没有到真正影响到大脑神经系统运作或者说需要服药去改变生理机制。因此,强迫症如何最大程度地被减轻,在于你如何与它和谐共处。

我们继续用活结来说明。打开那个结的方法不在于你多使劲去勒那个结,而在于你找到结点去活动周围的绳子,把它梳理开,然后慢慢地把整个结解开。我们需要让这个锁或者这个结更容易被解开,而不是更难。

如果你发现自己是因为害怕细菌所以拼命洗手,你就去了解细菌的成因,让自己明白一定的细菌不会对身体有害。如果你是怕门没锁家里被人偷所以去反复检查,那么你可以尝试跟自己说就算门没锁,家里也不见得被人偷。一次,两次,当你安慰自己接受现实、接受不完美之后，你就会发现一切恐惧或者焦虑都是无中生有，那么你就离康复不远了。

当然，最根本的是你需要改变自己的生活态度和消极思维。如果你一直活在恐惧和害怕中，那么一切风吹草动都会引发一场飓风；如果你认为"碎碎平安""吃一堑长一智"，那么你就不会纠结每一个细节，也不会被周围环境的变化影响内心，而在不适和舒适的平衡中出现强迫和反强迫。人生在世，难得糊涂。接纳自己，就是最好的治疗方式。强迫症一时半会也好不了，那你就带着它前行吧。负重前行不是什么坏事，因为你会更踏实地走每一步。

前面说了强迫症很难治，但是人群比例很少。我们需要重视的强迫行为，也要在生活中调整心态。值得注意的是，很多人没有强迫症，但是一些人有强迫型人格障碍。訾非博士在《感受的分析：完美主义与强迫性人格的心理咨询与治疗》中谈到了在人群中，有强迫型人格倾向者有10%~15%。强迫型人格倾向者的人给自己和给他人都带来了不便，而这种不便很多时候体现在工作中过于追求细节导致时间的拖延以及过分重视工作、学习这种有产出的活动，给周围的人带来压迫感。再有，这种人有很严格的道德标准，无法融入周围的人群。

强迫型人格者往往对情感情绪这种东西相当排斥，认为这些都是人类软弱的表现，而变得强大必须抛开这些"七情六欲"，即便是亲密关系，他们也很难表现出依恋和柔情的一面[13]，而语言多使用理性的表述，尽量避开情感类的词语。

强迫型人格在訾非的眼里是一种社会文明进化的必然。"从启蒙主义对于工具理性的顶礼膜拜，到工业革命之后机器对人的影响；从现代大工厂的流水线到后现代娱乐时代吹毛求疵的完美主义，人类在享受着强迫性带来的财富与快乐的同时，又要在文明的压制下挣扎着维护人性的尊严和创造的灵性。"我们希望自己可以变得更好，而这种严格要求在时代的影响下成了我们的桎梏，而我们无处施展的看似"不完美"的那部分，成了强迫型人格障碍的导火索。我们也会发现现代社会由于采用大规模集中化管理以及对于科技的依赖，让我们的生活其实都在遵循某种规律或者某种程序。这种刻意追求的完美使我们的思维需要和周围社会高度重合，如果没有办法和所处的社会保持步调一致，就会引发强迫型人格障碍甚至是强迫症。

强迫型人格障碍的人很多都是因为在求学时期受到权威（家长、老师）人士的教育和引导形成了拼命努力的习惯，过度追求完美的心理也来自周围无数人说：如果你不努力你将会"一步跟不上，一辈子跟不上"这种类似的话语。

无法抒发的情感和玩乐缺失的童年造就了这群人从小感情淡薄，除了学业之外和其他人的互动交流基本没有，而当他们需要去融入社会的时候，因为本身固有的教条思想和人生经验的缺乏导致很难感受到除了工作和学习以外的幸福，因而终日处在紧绷状态，缺乏感受和主观心态。

人是情感动物，人有时也是感受的奴隶。人类对这个世界的改造和一切努力，其实都是源于人类希望自己可以在一个安全的环境中舒适地活着，幸福地活着。有强迫型人格障碍的人很难从非理性的角度感受到幸福，而是通过和他人的比较得出自己的生活"幸福"还是"不幸"。而这种过于专注流程、秩序、科学以及各种理性客观的认知方式会让强迫型人格的人很难放松，同时也没有办法从非理性也就是直觉的方式感受领悟生命的种种不可思议的美好，比如大自然，比如某个细节。

我们可以看到，无论是完美主义还是强迫型人格，其实都是我们内心和现实冲突的表现。现代社会不是每一个人都会出现神经症或者人格障碍，但是类似的思想和行为确实影响到了我们的幸福感受。每个人从生下来都背负着很大的期望和压力，而我们的努力不也是为了幸福吗？

既然这样，为什么我们要抛弃已有的灵性和感受能力去寻找一辈子都可能找不到的"理想生活"呢？我们希望周围的一切都井井有条，周围的人都彬彬有礼。但我们忘了，生活存在未知，也就是任何事情都存在无序的可能。人有善有恶，我们无法保证所有人的行为举止都和我们的三观完全吻合。生活需要理性，也需要感性，需要科学，也需要激情。

如果我们永远都以一种思维和一种角度去看待这个多元化的世界、开放的世界，我们一定没有办法找到自己心目中的理想世界。我们可能对别人失望，但不能对自己没有信心。消极的思维和消极的方式一定不能换得积极的情感和积极的结果。既然这样，为什么不放过自己呢？轻松一点，宽容一点，任性一点，不讲道理一点，更专注地生活，更随心地生活，不是更好吗？对于生活，如果我们不紧张和不焦虑它的结果，那么一切微小的收获都是幸福。生活不可能完美，但生活永远都充满希望。

14

煤气灯效应

北大包丽事件引发了人们对PUA的关注。PUA，全称"Pick-up Artist"，指男性"搭讪艺术家"通过系统化学习两性交往技巧，再通过各种社交工具的撒网认识女性，然后通过卖惨、表忠心，利用女性的同情心对女性进行情感攻势，在达到目的之后通过极端方式让对方彻底丧失自尊，实现对对方的精神控制。

精神控制（Mind Control）指团体或者个人用一些非道德的操纵手段来说服某人按照操纵者的愿望改变自己，通过不断打压对方瓦解个人对自己的认识来完成对对方的控制，成为自己的附庸。

纽约大学应用心理学博士罗宾·斯特恩在其所著的《煤气灯效应：如何认清并摆脱别人对你生活的隐性控制》一书中将精神控制比喻成"煤气灯效应"：一方是煤气灯操纵者，需要扮演凡事都正确的角色，以此保证握有实权的感觉。另一方是被操纵者，让煤气灯操纵者来定义自己的世界并且期许得到他的认可。煤气灯操纵者会利用被操控者的脆弱，让被操控者持续地怀疑自己。

《科学》杂志的传球实验证实了被孤立与身体受到的折磨一样难受，甚至更加痛苦。美国心理学教授内奥米·爱森伯格及其团队通过Cyberball这种电脑游戏设置了被孤立的情形，然后通过功能性磁共振成像对研究对象的脑部活动进行了分析。这个游戏设置的被孤立的条件是，参加游戏测试的人类玩家对象在最初几次接到计算机玩家传来的球之后就不能再接球了。随后实验者发现，被孤立的人的大脑皮层出现类似身体遭受痛苦时表现出的活性。也就是说，我们孤独时会感到痛苦，而为了不孤独我们甚至宁愿身体遭受痛苦。

我们害怕被孤立，所以我们会牺牲自己的原则甚至意识来换取别人的关注和同情，而这也是我们一系列错误举止的开始，更为一些精神被控制者往后的痛苦人生埋下了伏笔。

在《逃避的自由》里面，艾里希·弗洛姆写道：人因为害怕孤立所以逃避自由。受虐和施虐冲动都欲帮助个人摆脱难以忍受的孤独和无能为力感……他们恐惧孤独和自己的微不足道。他们主观上经常意识不到这种情感，因为这种情感常常掩盖在卓然超群和完美之类的补偿性情感中。……受虐冲动的方式各异，但其目的只有一个：除掉个人自我，失去自我。

当我们失去了自我意识，让自己的价值由别人定义，我们会甘愿放弃自由，以获得别人的认可和人群的温暖。这种放弃，除了表现在两性关系上，还有可能是工作、学习、生活等方面。我们为了让别人满意，会把自己变成别人期待和喜欢的样子。也就是说，我们并不喜欢纯粹的自由，我们追求的其实是安全感和舒适感，而这两种美好的感觉大多数来自我们和周围人群保持步调一致的结果。我们其实没有那么希望自己不受约束，只是希望自己的权力得到最大的实现。至于我们的隐私，希望还是在自己的掌握范围之内，有限地分享给和我们关系深浅不同的人。

当我们没有办法对自我肯定，我们就容易被周围一切我们喜欢的东西所吸引，直到沦陷。从众不是一种无意识，很多时候我们都是有意识地从众，有意识地避开个性化的举止去换在集体中的一个位置，这样我们就会觉得没有那么孤独和痛苦。自我觉醒是一个可能看不到未来的痛苦的过程，不是每个人都可以忍受这种痛苦，所以很多人都宁愿做一个麻木的"随大流者"。

哲学家尼采将人一生中可能发生的精神变化归纳为三种，分别是骆驼、狮子、孩子。尼采把人在精神上的第一个阶段称为"骆驼"，即无条件服从权威与传统。当一个人的精神处于骆驼这一阶段时，就意味着他会被动地、不知不觉地接受所有外界的标准，包括传统道德观、主流价值观、父母的命令、师长的要求、周围人的建议，并被这些外在要求牢牢绑住，比如什么时候应该做什么事。这种被外界环境影响的"应该"思维，本质是我不知道自己是什么，我的自我价值由外界定义。当自己的价值都取决于别人的时候，自己就会感到痛苦。

"狮子"代表的是一种具有主动精神的力量，它想突破现有的困难。这个时候人已经不被传统和信仰所束缚，人追求的是自由。关于这一点，尼采有一个隐喻：如果想要从骆驼蜕变成狮子，就得跟巨龙战斗。这条巨龙的名字就叫"你应该"。其实,这条巨龙代表的正是"你自己",那个你要去超越的自己。自我搏斗其实是一个痛苦的过程,我们需要承认自己的软弱,也要勇敢去做一个更坚强、更独立的自己。

精神发展的第三个阶段是"婴儿"阶段,即"我是"阶段。尼采说:孩子是纯洁,是遗忘,是一个新的开始,一个自转的车轮,一个神圣的肯定。也就是忘我无我,甚至是新的自我,不被世俗不被过去的自己困住的自我。这个阶段我们其实没有特别的攻击或者防守的倾向,我们认为这个世界就像我们刚开始认识的那样美好,我们的内心是无瑕的。所以我们会说人的生命有两个孩子阶段,一个是童年,一个是老年。为什么老年人会表现得像个孩子?因为老年人已接近死亡,而死亡说的也是另一种新生。

我们没办法做到无欲则刚,而人类所有的欲望也成了别人可以操纵我们的把柄,比如北大女生包丽自杀案件。很多人觉得女生不值得,也很可惜。但其实包丽也只是精神控制中的极端案例而已。大部分人不太会因为愿意被控制而放弃生命,但是愿意被控制而放弃喜欢的生活的人有很多,也就是我们选择了放弃自我。比如,一些人对金钱的欲望导致他们在钱的召唤下被某些金钱至上的企业家洗脑,由于对爱的欲望导致一些大龄剩女剑走偏锋,不断地在相亲网站上试错的同时掉入了"杀猪盘"陷阱。

说到底,也就是自己依照世俗的观念不相信自己本身信仰的东西,把别人认为合理的方式作为自己的信仰,从而努力改变自己的行为，这其实也是被精神控制，只是程度不一而已。普通人做不到无欲，但我们可不可以适当降低自己的欲望？当你对身边事物没有那么多期待而把注意力转移到自己身上的时候，实际上也完成了一个从外到内的蜕变。

小孩子的快乐是最多的，所以我们要不要偶尔假装忘了自己大人的身份？很多时候判断是否成人的标准是负责与否，但我们忘了，我们不是要为别人负责，我们需要为自己负责，而责任来自对自己的要求和期待。所以，请为自己活一回吧。对于恋爱中的人来说，最不应该做的是为了对方放弃自己；对于成长中的孩子来说，最不应该做的是为了父母的期待放弃了自己的梦想；对于在公司上班的人来说，最不应该做的是为了老板的各种要求忘了自己上班的意义。

不是说每个人都需要有远大的改变人类社会的理想，但是没有遗憾地度过每一天还是可以努力争取的。以下有几个强化自我意识的小建议：

（1）每天照照镜子，问问我是谁，我认识镜子中的自己吗？如果你发现你的眉眼已经没有了过去的青涩，甚至还有些疲倦，这说明你已经在自由的追寻中越来越远了。"问自己"其实也是一个心理暗示，我们需要让自己意识到我们的存在，这个想法是来自我们自身而不是别人的评价。我们可以通过自己的表情神态发现自己的精神状态和生活状态。

（2）每天写日记，记录一天当中最快乐和最不快乐的事。我们需要知道自己每天生活的意义，及时得到情绪的释放。记录是我们回顾过去的一种方式，也是我们铭记时间的一种方式。写日记实际上也是一个情感输出和情绪释放的过程。写日记也能让我们在比较平和的状态下发现自己度过的一天中出现的一些问题，并进行及时总结。

（3）每周抽半天时间和自己独处。我们需要知道自己是谁，想要的是什么。如果我们只是忙碌地生活，忙碌地工作，我们很有可能因为某些事情动摇我们本身的信念和价值体系，从而走上被人控制的道路。因此，我们需要有独处的时间，为了让我们可以不受干扰地进行思考。

希望大家在社会的重压之下，依然可以因地制宜，在社会的洪流中依然不被打倒，活出孩童般的纯真。

15

经济学中的心理学
——禀赋效应和沉没效应

你选择面包还是选择爱情？

经济学上曾一度认为人会选择面包，也就是假定人是没有任何主观的绝对自私的理性人。后来经济学还是采用了心理学的相关观点，让人的一切经济决策变得更像不完全自私的人。我们不会完全自私，因为我们是有智慧和爱的人类。

有限理性模型又称西蒙模型或西蒙最满意模型。它认为人的理性是处于完全理性和完全非理性之间的一种有限理性，原因是人的知识有限，所以决策水平也有限。人的价值取向会随着时间发生变化，人的目的经常相互制约。作为决策者的个体，其有限理性限制他作出完全理性的决策，他只能尽力追求在他能力范围内的有限理性。

人的惰性会导致决策者有了一个相对满意的方案之后不会继续寻求最佳方案。因此，决策者只会在自己的认知领域寻求最简单的解决最复杂问题的方式。决策者满意的标准不是最大值,决策者往往满足于用简单的方法,凭经验、习惯和惯例去办事,导致的决策结果也各有不同。

前景理论(Prospect Theory)也译作"展望理论""预期理论",由 2002 年诺贝尔经济学奖获得者、美国普林斯顿大学教授丹尼尔·卡内曼提出。百度百科中前景理论的主要内容描述如下:大多数人在面临获利的时候是希望规避风险的;大多数人在面临损失的时候,表现出风险喜好;人在决策时会在心里设一个预期,然后衡量每个结果是高于还是低于这个参照点,高于参照点就是获利,低于参照点就是损失。

这里的"参照点"指:心中的期望值、预期、设想,或者是奋斗目标、关注重点、比较对象。也就是说,人做决策的时候不会盲目地追求利益的最大化,而是相对的利益最大化。所以人们常见的行为是根据当下的情况选择一个省时省力,又可以得到符合自己某种期待的方案。

那我们在生活中是怎样做决策的?根据自己的性格和价值观选择一种生活习惯和生活伴侣,然后执迷不悟地坚持下去。

但是,有限理性模型告诉我们人只会有限理性决策,我们会根据前景理论中提到的参照系疯狂地挥霍我们的金钱还有时间,比如,因为喜欢一个明星疯狂地参加他所有的演唱会,偶然情况下因为某人的一个细微的表情而产生情愫,从此陷入爱情,茶不思、饭不想。

理想的经济学环境下,我们不应该有情感因素,我们应该有极高的智商以及推理能力，不出错，不浪费时间，每个决策都必须和计算机算出的结果一样精准。但是这种理想情况一般不可能发生，我们会固执地选择别人看上去"错误"的我们却认为"正确"的人或者事物。

前面说到人是情感动物。我们不可能没有自己的喜怒哀乐，所以我们会尽量按照自己的标准减少损失。我们不会随便更改我们的决策，因为这又会耗费我们的大量时间精力。塞勒开发出了精神会计理论，也就是每个人通过在自己的头脑中创建单独的账户来简化财务决策，重点关注每个决策的影响而不是整体效应。

因此，下决心或者第一步往往是最难的，我们一旦下定决心做某件事情，我们就会头也不回地持续付出我们的时间、金钱、情感。人并不是一个精密机器，永远做自己可以利益最大化的抉择，因为这不符合人类趋利避害的特性和为生存节约能量消耗的方向。我们还是会想着为了我们的舒适生活做出努力，而不是为了更好地生活选择不舒适。

这些孤注一掷的付出称为"沉没成本"（Sunk Cost）。沉没成本在经济学上是指一个已发生或者已经承诺，无法收回的成本支出，比如错误的投资。经济学为什么把它称为错误的投资，因为经济学理想环境就是假定人是"经济人"，也就是绝对的理性人。对于其他人来说，我们拥有的不值钱，还有可能是错误的东西。有一个经济学效应指出"拥有即是最好"，即禀赋效应，指的是当一个人一旦拥有某项物品，那么他对该物品价值的评价要比未拥有之前高很多。比如我们一旦爱上了一个人,就会头也不回地继续爱,就算我们以后遇到条件更好的,我们依然会选择我们已有的对象或者伴侣。我们一旦进入了一家公司,正常情况下我们都不会跳槽,我们也会觉得自己现有的公司是最好的公司,而我们的价值也可以在公司得到最好的体现。

为什么人有时会选择做一些看起来荒唐的事情?原因其实很简单。也许从经济学上没有办法解释,但是从心理学上就可以解释。财富本来就和幸福没有直接关系。一个人可以很有钱,很幸福;也可以没有钱,很幸福。一个人可以得到钱很快乐;也可以得到钱,不快乐了。而快乐和不快乐,和财富无关,取决于我们个人的价值观、人生观和世界观。

人们之所以不快乐不幸福,其实是因为欲望大于拥有。这无穷无尽的欲望就是我们痛苦的源泉。欲望很多时候都不合理,比如,你想要别人的东西,会产生嫉妒;你没有别人的东西,会产生愤怒。我们一边嫉妒一边愤怒,但我们忘了自己其实拥有很多东西,而珍惜拥有会让我们更加幸福。因为当我们拥有了某样东西,它会比之前更加值钱。

当我们过于追逐某种东西,它的边际效用会逐渐递减(我们会在以后的章节中提到边际效应)。假定你的人生就是为了赚钱或者丰富物质生活,随着时间的推移和财富的增加,你对新财富的拥有获得便渐渐没有之前那么高兴,而你的生活也会在财富和欲望的追逐中越发无趣。

既然这样,我们为什么要羡慕那些拥有大量财富的人呢?幸福标准各有不同。三观会极大地影响我们对一件事的幸福指数考量。人不是数学模型建立出来的完美仪器，人是有着各种情感需求和情绪弱点的社会性动物。我们不是完全的理性人，也就不需要采用所有理性人的前提来衡量自己的人生是否成功和幸福。我们不需要获得一切东西，只需要获得我们需要并且喜欢的东西。

一个没有手机的人，是不会觉得自己的沟通一定是需要手机的；一个不能上网的人，是不会因为没有网络而无法学习的。知道的越多，拥有的越多，不一定是一件好事。没有科技和电子产品，没有豪宅和金钱，我们就一定不幸福吗？其实我们不幸福也许只有一种可能，就是我们从来没有拥有属于自己的时间。

如何运用经济学中的非理性人思想和禀赋效应更好地进行断舍离，找到属于我们的幸福人生之路？以下参考了畅销书山下英子的《断舍离：立足当下自我，践行新陈代谢式美学思维》中提到的两个建议：

（1）少接触信息，多接触人群。对新信息"不信、不疑、亲自确认"，不被人带偏，保持独立信仰。面对日常生活中的问题多请教周围的朋友。

互联网时代，我们主动或者被动接触了大量信息，但是这种信息保证我们认识世界的同时也给我们带来了更多的欲望和想法，我们贪婪的那一部分也会被激发。因此，我们需要及时地从虚拟世界中剥离出来，听从真正属于自己内心的声音，判断什么是自己真正想要的，什么是我们没有那么需要的。

（2）明白失去不是一件坏事。《断舍离》一书中提到了一个僧人对断舍离的看法：

每个人都会在某一天失去自己最宝贵的东西。

几乎没有人能在最关键的时刻做到释怀。

只有在日常生活中不断地练习如何放手，

才能坦然地接受烦恼，

甚至衰老、病患和死亡。

我们其实一直都在失去，失去时间、失去健康、失去亲人，甚至失去自己。我们为什么还不抓紧机会珍惜我们还拥有的东西，让更多有助于提高我们生活质量的东西保存下来，把一些生活中负面消极的东西清理出去呢？

那些影响我们生活和工作的不需要的东西我们可以清除掉，那些萦绕在我们心中没有办法想通的事情，我们是不是也应该及时停止思考呢？那些我们无法忘怀的人和遗憾，是不是也要下决心把它们都从我们的生活中去除掉呢？

当贪、嗔、痴等占据了我们大部分的时间，我们的时间再也回不来时，我们就会在迷失的路上越发痛苦以及离幸福越来越远。我们为何不仔细享受脚下的路？其实脚下的路才一直都是最好的路。

16

一万小时定律

有句名言：天才是百分之九十九的汗水加上百分之一的灵感。天才需要灵感，天才更需要努力。什么叫努力，什么叫有效努力，这个是需要我们深思的问题。

潜意识是人类生命历程中已经发生，但目前未被觉察的心理活动，是人们"已经发生但并未达到意识状态的心理活动过程"，其与意识共同构成人类所有的心理活动。

美国著名心理治疗师萨提亚提出了"冰山理论（Iceberg Theory）"将我们的内在世界比作冰山的水下部分，也是我们大部分未发觉的部分。潜意识里有根源于心理深处的欲望或动机，以及自己常有的信念与想法。

萨提亚的冰山理论主要包括七个层次，从上到下依次是行为、应对方式、感受、观点、期待、渴望和自己。除了行为，其他都是潜意识。

第一层：行为——行动、故事内容（也是意识部分）；
第二层：应对方式——态度（包括讨好和表里一致等）；
第三层：感受——喜怒哀乐；
第四层：观点——信念、思考、想法、价值观；
第五层：期待——对自己、对别人，来自他人的期待；
第六层：渴望——对爱的渴望，生存的意义和自由的渴望等；
第七层：自己——灵魂，存在。

灵感就是潜意识的迸发，指通过领悟明了和发现目标与手段之间的联系来实现问题解决的思维过程。这种思维方式通常发生在利用已有的知识、原理解决新问题之中，它是一种突变的过程，某个强烈的偶然因素，仿佛一道电光，使人豁然开朗。灵感来自学习，但学习不一定产生灵感，每个人的潜能不一样，你需要用热情去不断地钻研你擅长的东西，才会出现灵感。

所谓擅长的或者你所展现天赋的领域，实际就是潜意识能够自主发挥的区域。你是不自觉的，怎么感觉都感觉不到的，但就是感觉做起这件事比其他人说的要轻松，要舒服，累也只是身体累，精神完全可以应付。

"习得"是指儿童在大量接触语言后不自觉地掌握母语的过程。在克拉伸习得—学得区别假说（The Acquisition—Learning Hypothesis）中，学得（Learning）是个有意识的过程，即通过课堂上教师的教授和讲解并通过相关练习、记忆等活动掌握语言。"学得"的系统虽然在大脑左半球，但不一定在语言区。

习得（Acquisition）是潜意识的过程，是注意意义的自然交际的结果，儿童习得母语就是这样的过程。"习得"的系统在大脑左半球的语言区。也就是说只有通过"习得"才能直接促进第二语言能力的发展，从而掌握一门语言。

一万小时定律是作家马尔科姆·格拉德威尔在《异类：不一样的成功启示录》一书中指出的定律："人们眼中的天才之所以卓越非凡，并非天资超人一等，而是付出了持续不断的努力。1万小时的锤炼是任何人从平凡变成世界级大师的必要条件。"他将此称为"一万小时定律"。

根据书中所说，要成为某个领域的专家，需要1万小时（1.1415525年），也就是，如果每天工作8个小时，一周工作5天，那么成为一个领域的专家至少需要5年。

为什么可以坚持这么久？因为热爱。

在这些天才的心里，他们是有这方面的能力也愿意为此付诸努力的。还是那句话，灵感真的很重要。灵感其实是我们对于自己的一个认知，也是我们大脑里面本身存在的优势所在。《异类：不一样的成功启示录》一书也提到了高智商不一定代表充满想象力的心灵，而充满想象力的心灵才有获得诺贝尔奖的潜在可能。

那些我们特别喜欢也可以坚持特别久的事情，往往才是成功的关键。所以我想说的是：不是只有灵感或者只有盲目的努力就会成功，而是你知道自己喜欢什么、擅长什么，并且为之努力，才能提高成功的概率。

你如果只是喜欢但不擅长，很有可能你的方法不对，或者努力的时间不够久。但如果你只是擅长而并不喜欢，终究有一天你会放弃这件事情。什么叫努力？是每天都在反复做一件事，还是参考所有可能的方法找出最佳答案？

努力在天赋面前可以起多大作用？《异类：不一样的成功启示录》中介绍了一位加州大学伯克利分校数学教授艾伦·舍恩菲尔德认可的勤奋的方式：试错—思考—领悟，直到明白斜率和无穷大。这是个没有数学天赋的普通的护士蕾妮解决斜率问题的方法。书中提到：蕾妮坐在电脑前看着键盘，她正在思考输入什么样的斜率，程序才能画出垂直的直线，也就是与 y 轴重合的直线。然而蕾妮并没有意识到自己正在求解的题目是个死命题，只是一直不断地通过敲击电脑试验，反复思索，不愿放弃，直到明白：直线就是任意数字除以零——而这样的数是无穷大的。

这种不计较后果盲目地试错并最终达到目标的努力被写进了天才理论中的必要条件——精深练习。书中指出："精深练习是建立在一个悖论之上的：朝着既定目标挣扎前进，挑战自己的能力极限，不断犯错，这让你更聪明。"

我们在生活中往往会刻意地避开一些我们觉得不可能的部分进行"选择性"的努力，也就是我们推崇的"做事要讲究方法，明明可以花十分钟为什么你需要花一个小时"。在斜率这个故事里，我们看到一个对数学概念不清楚但是又很想弄懂数学问题的人非常笨拙而又有毅力地学习，而斜率故事的主人公最终自己概括出了斜率的概念，这才是真正的领悟，也就是学习需要的灵感。

真正的学习不是别人教会你一个概念你听懂了或者你记住了，而是需要你自己去尝试根据问题进行思考，并且不断试错，想象各种可能的方法，并把它归纳成自己的知识。只有这些知识是你特有的学习体系，你才会真正打开自己的神经回路。而这个回路需要试错。构建一条好的神经回路，最佳的方法就是开启电流，处理错误，然后重启，一遍遍重复这个过程。

在丹尼尔·科伊尔的《一万小时天才理论》一书中，作者尖锐地指出努力拼搏不是无关紧要的过程，而是生理上的必经之路。这是一个缓慢而又艰难的过程，但当我们忍受了缓慢和艰难，迎接我们的就是好的神经回路给我们带来的所向披靡，无坚不摧。我们其实都很努力，只可惜我们永远都希望找捷径，我们并没有认识到自己的努力真的需要那么一点点冲动和莽撞、激情和活力。

在一万小时定律中，在天才构成的三要素里面，除了我们刚才提到的精深，还有我们了解的发掘天才的伯乐（也就是我们经常说的好的老师，好的领导，好的机遇）。不过，互联网社会由于空间、时间不受限，所以机遇很多，伯乐也不少。既然不缺伯乐，也不缺精深，为什么我们还是没有别人那么成功？原因是你缺乏激情。我们往往都是朝着我们觉得应该努力或者别人说应该努力的那一部分。也就是说我们其实并没有很喜欢某件事情，不喜欢也意味着没有激情。

你以为特别苦的事情，对于天才来说一点都不苦，那些日复一日养成的习惯和不停自我激励的热情造就了这些天才的成功。他们不觉得自己做的事情有多么艰苦，也愿意一直努力下去。这种努力最后会变成一种幸福，一种生活习惯，而这种自发的进取也成为这些人比其他同领域钻研者走得更远的原因。其实这种自发的进取和持久的进步我们在之前的章节也提到过——自律。成功的秘诀在于自律。我们只有把优秀变成一种习惯，我们才可以成为优秀的人。我们在自律一章提到了马拉松第一人基普乔格平凡的一天。简陋的跑道，团队练习，不搞特殊，甚至他在成名后也一直都在家乡的以简朴和刻苦著称的Kaptagat训练营进行训练。基普乔格的生活方式从18岁后就没改变过，在声名大噪、收入丰厚之后，也没有改变。每天都是日出而作，日落而息，和团队亲如一家人，认真生活，随性跑步。跑步对于基普乔格来说就是一种很普通的事情，每天必不可少。而正是这种普通和不功利的日复一日的生活节奏，让基普乔格无论从生理上还是心理上都处在良好的状态，也保证他不会由于马拉松这种世界上最艰苦的运动而受伤或者成绩滑落。

我们热爱，源于我们心底的渴望。在潜意识的作用下，我们可以发挥更多的能量。这种能量可以帮助我们战胜任何困难，不怕任何挫折，保持百分之百的专注和百分之百的精力。我们只有真心喜欢，才能有源源不断的动力。我们只有真正认为这件事是我们想做的，我们才不会在某个目标完成的时候停止前进的脚步，直到成就卓越或者伟大。这就是被动努力和主动努力的区别。我们只有心甘情愿地、自发地做某一件事情，坚持做某一件事情，才有可能成功。我们的潜意识会告诉我们命运的方向，但是成就我们人生的，来自我们的内心够不够坚定。

在这里就不得不提一个陨落的巨星——科比,很多人对他的黑曼巴精神和"凌晨四点"记忆犹新。科比是在高中生阶段通过选秀出道的。也就是说,其实科比的身体天赋不是最好。之所以科比在中国球迷心目中有这么深刻的印象,源于科比的努力,也就是他的黑曼巴精神。

科比将曼巴精神概括为热情、执着、严厉、回击、无惧五个方面。也就是说,其实科比视篮球为生命,对自己严格要求,无惧失败,不怕被人怀疑,永远保持热情以及不断地努力。这其实就是一个自我高度认可的表现。科比对自己有着清醒的认识,想要做什么,怎么做,目标在哪里。这才有了我们非常熟悉的那句话:"你见过洛杉矶凌晨四点的样子吗?"科比见过,因为他要起来训练。科比在巨星云集的年代,身体素质尽管不错却并不是最顶尖的,而他在一次又一次的伤病过后依然可以保持良好的状态,靠的是什么?是毅力、是坚持,是对篮球的热情和顶级的自律生活。

天才为什么会成功?因为他看得比别人远,他会长时间坚持某件事,直到成功为止。在《一万小时天才理论》里面麦克赫森做了一个学乐器的测试。在孩子上第一堂课之前,他提问:这个新乐器,你觉得自己会弹(吹)多久?孩子们的回答分成了三类:短期承诺、中期承诺、长期承诺。

然后,麦克赫森计算了每个孩子每周的练习时间,分为:少量(每周20分钟)、中等(每周45分钟)、大量(每周90分钟)。当你决定要用怎样的方式度过你的一生,你就已经决定了你的一生。我们以为自己很努力,但是我们不知道当自己给自己设定说我们只要考上大学就好了、只要进到大企业工作就好了等某一个时间点之前才需要努力,我们就失去了成为天才的可能。

对于那些天才来说,努力是一辈子的事情,而他们也会一生都在进步。我们之所以会停下来,是因为我们不觉得它是一件我们应该为之不计代价努力的事情。也就是说,我们不是真正地热爱。我们给自己的长期承诺,也是我们决心用多少时间去努力,如果我们真的很喜欢这件事情,是可以花比别人更多的时间去做的。

所以说,成为天才除了需要长时间的努力,也需要热爱。热爱可抵漫长岁月,热爱也能让我们在属于自己的事业上闪闪发光。如何做才能在相关领域成为专家,我们有以下几个建议:

(1)找准努力方向,知道自己热爱什么,擅长什么。

我们的天赋确实因人而异,智商也都不一样。但是我们总是可以发现自己确实在某一个领域学得比较轻松,也比较适应。如果这个领域恰好又是我们喜欢的,我们需要真正地坚持下去。很多时候我们不知道自己为什么就喜欢某件事情,也很容易被人影响,放弃我们喜欢做的事情。但那就是我们天赋的来源,也是我们的潜意识。所以,我们需要珍惜自己与众不同的天赋。

(2)规划学习时间,养成良好的学习习惯

我们很容易被周围的人群影响,当别人都在玩耍的时候,我们可能就会产生惰性。所以我们需要自律,让自己养成良好的学习习惯,并及时总结反馈,让自己的学习更有效。也能让大脑一直保持活力,运转得更快。我们的大脑功能不会退化,除非我们自己不愿意去刻意练习。很多科学家和艺术家在晚年依然有不输年轻时的作品和理论,其实也是源于他们日复一日、年复一年坚持不懈的努力。

(3)不要害怕失败,正确归因每一个小的失败,争取大的成功。

当我们喜欢我们在做的事情,我们就可以坚持得很久。成功需要不断地试错,勇敢会让我们对每一次成功有更多的理解和实现的可能。我们需要不计较一切代价进行精深努力。只有更用心地努力,才会换来更大的成功。

(4)积极听取别人的建议,但不盲目自卑或者自信,勇敢面对各项挑战。

我们有我们热爱的事情,但我们的选择不一定是别人甚至大多数人的选择。当我们踏上了属于自己的一条路,就注定是孤独的一条路。我们需要不停地自我激励,在努力的路上不断给自己打气,防止被别人的不理解影响我们的情绪。

就像达尔文说的,"我一直认为,除了智力障碍者,人在智力上差别不大,不同的只是热情和努力。"

17

自卑：源于比较心理和自我意识缺乏

阿德勒有一本书叫《自卑和超越》，说的是自卑感是个人从平凡走向卓越的原动力。作为个体心理学的创始人，阿德勒在书中谈到个体对优越的不断追求，以及永远都无法达到预期的样子，成为人们自卑的原因。人需要认清自己，才能找到人生的真谛，获得人生的价值。

阿德勒认为人固有自卑情结，自卑情结指一个人认为自己或自己的环境不如别人的自卑观念为核心的潜意识欲望、情感所组成的一种复杂心理。

阿德勒又提出了补偿理论，认为人最大的动机来源于在集体中的承认，而这种动机来源于内心的自卑。自卑情结也指一个人由于不能或不愿进行奋斗而形成的文饰作用。我们生来自卑，但是自卑也是我们向上的动力。由于自卑感的反复作用，自卑感可以让人上进，也会在下次失败中再次产生。

每个人的成长都离不开原生家庭的影响，而儿童与生俱来的无助在父母的控制之下变得愈发明显。因此，父母对孩子的不良评价和过度期待都会让儿童产生自卑心理。荣格说："一个人穷尽一生努力都是在整合他自童年时代起就已形成的性格。"

儿童的性格或者人格形成，大部分都离不开父母的影响。父母在多大程度上给予孩子信任和尊重，给予孩子多大的自主权和选择权，直接决定孩子是否有更健全和更独立的人格。

父母对孩子的教育方式也会影响孩子对自己的认知。也就是说，一个自信的小孩多有经常鼓励孩子的父母，而一个自卑的小孩多有严厉而从不满足的父母。童年阴影对孩子的影响是毁灭性的，一个经常在父母打击下长大的孩子可能需要一辈子证明自己，也证明给父母看。

孩子会选择自己的发展方向，这种潜能在出生后就有。教育对孩子的选择甚至三观形成有重大的影响。也就是说，他所谓的善还是恶，应该多帮助别人还是一直都为自己着想，很多时候是来自周围环境的诱导。阿德勒在《自卑与超越》中强调兴趣是影响智力发展的最大因素，影响兴趣的因素并非遗传，而是源自挫折和对失败的恐惧。

在 PAC（Parent-Adult-Child）[14] 模型中，自我意识分为三个部分，分别是父母层、成人层、儿童层。父母层说的是你有父母的影子。你的父母以及其他父母式的人物会影响你的行为和你的三观。成人层指的是理性、客观的自我，没有情感，只是处理事实，观察和经验。孩子层是你的情感中心,你会像一个年幼的孩子一样思考,也是你的情感和欲望来源。自卑的父母很容易在言语和行为的示范作用下造就胆小的孩子,而自私和控制欲强的父母也很容易把自己消极和负面的情绪带到自己孩子身上,影响孩子未来的人际交往。

除了家庭,社会也是人自卑的重要因素。1967年,美国心理学家塞利格曼用狗做了一项经典实验,实验人员把狗关进笼中,蜂音一响狗被电击,重复多次后,当蜂音再次响起时,实验人员打开笼门,发现狗不仅没有逃跑的意愿,反而倒地,发出难受的呻吟和颤抖,宛如真实受电击时的场景。这就是习得性无助的来源。习得性无助在人身上也会发生。当一个人发现无论他如何努力都没有取得突破和进展,他就会觉得自己没法获得最后的成功,从而使他的信念体系瓦解,后来即便有机会也不再努力了。

当前社会内卷化严重,每个人都像是在一个大型机器上的螺丝钉,被迫地向前移动。这种强烈的无助让很多人在现实面前、在亲人面前、在朋友面前经常感到自卑,因为自己好像永远都没有办法实现超越,残酷的现实和华丽的理想永远都隔着一条银河,这种自卑也会产生身心的疲倦和厌世情绪,甚至让人放弃生命,令人十分痛心。

现实社会随着科技的进步和互联网的发展越发透明化和全球化,我们很容易从网上看到很多英雄事迹、好人好事,就算这些人只是群体中的很小一部分,但由于具有标志性的特点,经常会出现在各大媒体,无时无刻不吸引着我们的视线,也左右着我们的情绪。无论我们怎么努力,网上总是会有一群比我们更聪明更努力的人,好像我们永远都活得比别人差。在信息的多次轰炸之后,我们开始对自己的生活进行不断的反思甚至过度反思,久而久之就会形成自卑情绪。

网络上有一个比较火的词叫"容貌焦虑"。社会中的健身热、整容热其实也体现了女性的容貌焦虑。所谓容貌焦虑,说的就是对自己样子的不自信,认为自己的容貌影响到了工作、社交等很多方面。比如,胖的明星认为自己对不起观众;女生为了男朋友的一句话,就不吃不喝很多天;有些女生连睡觉都带妆,生怕被对象发现了自己本身的样子。彩妆热、美颜相机以及整容模板的出现其实也反映了女性希望自己美若明星,不愿意面对真实的自己。大众脸反映的是当下的普遍审美,我们没有办法认清自己的独特性,一定会带来自卑的情绪。

社会的影响力还体现在对大龄剩女的态度上。为什么是"剩"?意思就是剩下的,而大龄剩女多半是指过了30岁还没有结婚的女性。为什么只有剩女没有剩男,也是一种男权社会下的偏见。遗憾的是参与偏见的不一定是男性,很多时候都是女性对女性的攻击和伤害。

2020年一档《乘风破浪的姐姐》用30岁以上的女明星引发了大家对大龄女性的关注,因为过往人对娱乐圈的刻板印象就是娱乐圈是一个吃青春饭的地方,而大龄女性在娱乐圈的地位更加尴尬。浪姐通过邀请30+岁女明星表明了新时代女明星自立自主的主张,也赢得了无数观众的掌声。女性的容貌焦虑和年龄焦虑其实都是重男轻女文化弊端的缩影。这种焦虑也是一种自卑,"容貌焦虑"说的是对外表的不自信,"大龄剩女"说的是对年龄的不自信。不过不自信的原因有可能来自外在压力,但大部分时候都是来自自己。

如果你自己都不相信自己是美的，那么就算你用再多化妆品，买再昂贵的衣服，甚至整容，你依旧不会有自信的光芒。如果你觉得你到了一定年纪依旧没有结婚生子这件事是羞耻的，那么你将会继续加重这种固有的思想，被这个思想所害，影响到你的生活。事实上，不是说拥有美丽的容颜我们就可以一辈子幸福，不是说我们找到对象结婚生子就万事大吉。

我们在前面说过，人不是理性人，所以物质不能作为一个人幸福与否的衡量标准。心灵可以影响气质，三观可以影响幸福体验。当你没有办法作为个体去让自己的生活充实起来，让自己的心情变得好起来，就无法确定别人一定可以给你带来幸福。

阿德勒在《自卑与超越》中谈到，自卑就是一种欲盖弥彰。"如同嫌自己个子太矮的人，为了使自己显得高一点儿，总要踮起脚尖走路一样。"我们每个人都有不同程度的自卑感，因为我们都希望改善自己的处境。休斯敦大学社工研究院的教授布琳·布朗在《超越自卑：如何运用同理心战胜自卑感》一书中对自卑有如下定义：

大部分研究者认为自卑就是自我厌恶。自卑是你感受到了欲望深处的黑暗，并体会到一种地狱般的疼痛。尽管如此难受，但是又很怕别人会知道你的"肮脏的小秘密"。或者你因为这个世界对你的期望而拼命工作。不过当你摘下面具，看到那个不堪的自己时，自卑就会出现，而你无法忍受别人看见这样的自己。自卑就像是一间监狱，但你又觉得你应当被关在这间监狱里，因为你犯了错。

第二种看法叫作被孤立。自卑就是不断被拒绝。自卑就像是一个没有任何归属感的局外人。也就是当我们觉得自己怎么也够不着我们喜欢的人群，怎么也没有办法融入我们想拥有的集体，那就是自卑。

事实上，大多数自卑产生的问题实际上是由于第二种情况引发的一种情绪。也就是我们想要做的社会不允许，于是我们觉得自己是丑陋的、肮脏的，这就叫自卑。我们之前提到的容貌焦虑和年龄焦虑其实也是一种文化氛围影响下的个体的无所适从。正是外界对年龄和容貌有刻板的印象和既定的规律，所以在印象或者规律以外的人群就会感到自卑。我们是社会人，没有办法不受社会影响。如果外界对容貌或者年龄不再那么教条，也许大部分人就不会自卑了。

如何防止自卑，或者说如何接受这个外界不喜欢的"丑陋的自己"？一句话，请认为自己不丑陋，也认为和你一样的人群"不丑陋"。只有当你真正打心眼里欣赏这样的自己和和你类似的人们，你才不会焦虑，你也不会因为某件事而自卑。

比如，如果你觉得稍微丰满一点没什么不好，只要不影响健康，你也觉得很多大号模特很美，你就不会因为自己的身材而不开心。正是因为你觉得你不允许自己胖一点，或者没有明星般的骨感，你才会讨厌你自己，觉得很自卑。

比如，如果你不觉得自己30岁就必须结婚，或者你的态度是想找一个真正爱自己的人结婚，无论你多少岁，你都不会觉得自己很惨、被剩下了。同样，你也不会觉得和你一样遭遇的女性有什么"问题"，大家只不过在等待有缘人罢了。

所以，我们可以从这两个例子看出，很多时候这些"问题"带来的悲惨是我们给自己贴了一个标签，也给我们类似的人们贴了一个标签。所以撕标签是最快速解决自卑的方法，而这种撕标签可以通过以下几个步骤进行：

（1）强化自我意识，防止被别人的评价影响。

很多时候我们其实觉得自己很好。但是因为受到别人的影响导致我们自身的想法被动摇，这就是自我意识不够坚定。如果我们缺乏对自己的认识，盲目接受别人对我们的一切负面评价，后果就是活成了别人的标准。日常生活中学会多发现自己的优点，而不是只发现别人的优点。生活是美好的，而我们每个人都是美丽而又可爱的。

（2）对自己的失败正确归因，减少不必要的自责。

如果我们在某一件事上得到了不好的结果，很有可能不是我们自己的问题，而是其他没有发现的客观因素。我们没有必要把别人的失误归结到自己身上，让自己承担所有责任。我们需要做的是吸取教训而不是盲目自责。自责解决不了任何问题，我们要缩短负面想法的时间，以便尽快调整获得最后的成功。

（3）对工作对社会积极适应但也不盲目跟随，适当把自己从人群中分开。

我们没有办法逃离我们生活的环境，我们也没有办法阻止别人不发表自己的意见。所以，用语言或者极端方式去对抗周围人的评价只会给我们自己带来痛苦。正确的做法是应付当下，保持坚定的内心，把外界对自己的伤害降到最低。

（4）适当锻炼和运动，保持生命的活力和健康的身体。

这一点特别重要。当我们没有办法摆脱负面情绪和社会给我们的压力时，我们需要采取措施进行自我调整。运动是最好的让我们快乐起来还可以保持身体健康的一种方式。我们需要保持运动的习惯，让自己的不良情绪得到适当的缓解。

18

自信的人更容易成功

前文我们说到自卑,这节我们说自信。为什么要自信,因为只有自信,才能不自卑,才能更好地生活,实现自己的梦想。天才的造就需要时间,而成功之前的坚持需要自信。

罗杰斯认为一个人在成长发展过程中会把"自我"一分为二:"真实自我"和"理想自我"。一个人的真实自我与理想自我越是接近,他就越感到幸福和满足。但如果两者差异越大,他就会产生越多负面情绪,比如自卑。罗杰斯认为理想的自我其实是最大潜能得以发挥的真实自我[15],所以对自我的评价非常重要。当我认为实际的自己符合本身的期待,这种积极的心理就叫自信。

班杜拉对自我效能感的定义是"人们对自身能否利用所拥有的技能去完成某项工作行为的自信程度"。自信的人相信自己的能力可以影响做事的结果。也就是说,自信的人做事更容易成功。

自证预言(Self-fulfilling Prophecy)是指自己给自己一个预言,

然后不断努力导致预言成真，或者按照别人的期望行事，直到成功为止。美国哈佛大学的著名心理学家罗森塔尔曾经做过一个自证预言的实验。他把一群小老鼠一分为二，把其中的一小群交给一个实验员说："这一群老鼠是属于特别聪明的一类，请你来训练"；他把另一群老鼠交给另外一名实验员，告诉他这些老鼠智力普通。两个实验员分别对这两群老鼠进行训练。一段时间后，罗森塔尔教授对这两群老鼠进行测试，测试的结果是聪明组的老鼠真的很聪明，普通组的老鼠表现则很普通。可实际上，罗森塔尔也只不过是随机对老鼠分组而已，只是实验员的训练方式不同而已。

如果你特别相信自己，就会不断地去努力；如果你不相信自己，就不会做出任何努力，而结果当然会不同。所以，人应该培养自信。下面是两个因自信实现梦想的例子。

埃隆·马斯克有一个非常自信而又了不起的妈妈——梅耶·马斯克。由于法律的缺失，惨遭家庭暴力的梅耶·马斯克的离婚之路走了9年。但梅耶依旧乐观积极，好学的她一边打工养育孩子，一边读硕士。

50岁时梅耶决定再次走向T台，做起了模特，在这个青春饭的模特行业她用强大的内心撑起了一片天。母亲一生呈现出来的乐观自信都让埃隆·马斯克在创业和逐梦过程中更加坚定，而马斯克丰富的学识和超凡的想象力让他的火星殖民计划受到了很多人的支持，这也加快了他成功的进程。后来，马斯克成功登顶富豪榜首位，成为理想和现实的双重赢家。

也许你会说，关键我们没有梅耶·马斯克这样的母亲。但我想告诉你：自信，既来自原生家庭父母的影响，也来自自我意识的力量。有这么一个人，从出生就不知道父母在哪里，养父母文化水平不高。在这样的环境下，这个人凭着自己对科技的热情和极高的审美创造了现代科技和艺术的完美结合——苹果品牌。这个人就是乔布斯。而乔布斯在2005年斯坦福大学毕业典礼的演讲，对成功进行了再次定义。

乔布斯在第一个主题"Connecting the dots"（生命的串联）中说到自信的作用。"你必须相信一些东西——勇气、宿命、生活、因果，随便什么，因为相信这些点滴最终能串联起来，会给你带来遵循内心想法的自信。"

第二个主题"Love and Loss"（爱与失）中，乔布斯谈到热爱的作用。"我很庆幸很早就找到了自己喜欢做的事。尽管生活会有很多不如意，但是我可以一直坚持。我的工作就是我热爱的，于是我怡然自得。"

第三个主题"Death"（死亡）中，乔布斯谈到了自我的重要性。"你的时间是有限的，不要浪费在重复别人的生活上，也不要被教条束缚，或者人云亦云。你认为你可以活成什么样子，你就可以活成什么样子。"

所以，乔布斯的演讲告诉大家要自信、自爱、自强。

自信是我们不断努力的内在源泉，自信可以帮我们以饱满的姿态抵抗所有不支持我们的声音。自信的人每天都活在希望和通往成功的幸福道路上。自信的人大多乐观，而乐观亦有助于身心健康。那么我们应该如何培养自信呢？我借鉴了中外两位专家的不同观点。

（1）用艺术本能战胜恐惧本能。

法国哲学家、畅销书作家夏尔·佩潘（Charles Pépin）在《自信的力量》一书中提到了用艺术本能对抗恐惧本能。尼采说的"艺术本能"，这种创造能力与"恐惧本能"恰好相反，可以让人们更加热爱生命，感受生命而不是惧怕生命、远离生命。刺激我们进步的，应该是好奇心而不是恐惧。当艺术本能战胜恐惧本能，当创造性战胜恐惧心，就可以让我们的自信心不断发展壮大。我们可以看到人的文明进程其实就是一个智慧和灵性发挥的结果。我们所有的发明、所有的感悟其实都符合用艺术本能战胜恐惧本能，用创造性战胜恐惧心。当我们散发出生命的活力和生命的希望，我们自然就不会有恐惧的想法和消极的人生态度。

（2）敢于面对生命中的不安全感。

夏尔·佩潘的《自信的力量》中有一句话是这样说的："真正的自信，是抚平内心的不确定，唤醒从未发挥过的潜能。当最终成功时，我们获得的不是对自身能力的信心，而是对自己的信心。"现实生活中我们倾向于通过证明自己具有某项能力来证明自己的价值，借此寻找生命的意义。但是对自身能力的信心是短暂的，因为我们很快就会发现有更多的人也有类似的能力或者拥有我们羡慕的能力。只有去勇敢地挑战自己，唤醒自己沉睡的潜意识，用积极的心态去迎接生命中的一切不可能，你才会发现原来你的存在特别有意义。这就是最根本的自信来源。

工作中有一个我们非常熟悉的跳出舒适区的说法。我想指出的是，跳出舒适区不是给你自己找麻烦，盲目地去做你所不喜欢做的事，而是指曾经你可以选择去做你喜欢的事，你因为害怕它不被人承认、害怕它不能实现所以没有去做。我们的恐惧感（在下一节会提到）其实就是一种个人的文化不适。当我们意识到自己可以和社会融合，我们的一切梦想都能在现实社会被接受，我们就不会恐惧，这就是自信的来源。跳出舒适圈，你会发现自己更大的能量，有更多的信心。

（3）相信直觉，倾听内心深处的声音。

《自信的力量》引用了爱默生的话表达自信应该重视直觉："人应当学会发现和关注自己心灵深处稍纵即逝的微光，而不是诗人和圣贤天空中的绚丽彩虹。"

我们多是在现实中寻找证据去证明成功或者活得有价值。事实上，我们不是要在外在环境寻找成功的可能性，而是要从自身明白什么是成功。我们如果认真倾听自己心底的声音，踏踏实实地为自己活着，不违心地真实地活着，我们会明白我们到底需要什么，我们也会活得更加坚定，而我们做的事情也会因为我们的坚定更有成功的可能，我们的生活也会更加充实。

（4）用成长型思维去思考个人的成长路线。

《最强大脑》总顾问刘嘉在其《心理学通识》里面介绍了两种思维模式。刘嘉借德韦克教授的话指出人需要有策略地努力，"不是所有的努力都值得表扬，除非它能带来成效"。而刘嘉认为所有人都是成长型和固定型两种思维模式的混合体，但人们需要做的是不断增强成长型思维模式。

成长型思维模式其实就是一个开放的思维路线，也就是我们不把自己困在某一个思维和生活模式里面。成长型思维模式强调的是用发展的眼光看待现在的自己。我们可以看到成长型思维模式会产生灵感。归根结底，我们还是需要发挥自己潜意识的作用。潜能不是说所有未知的能力，而是你有你自己希望有的能力，也不是别人要求你的能力，别人要求你的能力可能是别人无法发挥的潜能，你需要明白自己的潜能。

综上所述，关于自信我有一些更加具体的建议：

对自己合理预期，防止被动设置不切实际的目标。我们如果把自己逼得太紧，可能不太容易取得成功。而每一次受挫，我们都会更加对生活失去信心。之前我们提到成功是成功之母的胜利者效应，所以，我们要把大目标进行适当地拆解，这样我们才可以有足够的动力去战胜更大的困难。

多和乐观的人接触交谈，通过学习别人增加自己的正能量。我们如果没有办法在一些挫折中调整自己的心态，我们就需要去想方设法去吸取别人的正能量，用正能量带动自己的积极情绪。很多时候，我们真的需要去听一些鼓励的话而不是批判的评价。因此，建议大家多和乐观的人交流，这样我们就可以感受到更多生命的美好。

不要害怕比较，但是要多从不同的角度去合理评定自己。人不可能不受周围事物的影响，我们也会因为社会的原因不断对自己的目标进行修订甚至放弃我们原有的梦想。现实需要我们去面对，社会也需要我们去积极适应，但是这并不代表我们需要完全放弃自己做一个别人要求的我们。我们的自信是自己的信念，当我们丧失了对自己的信念，一定不会有自信。所以，我们需要从更多的角度评价自己，多总结自己好的部分而不是一直都在找缺点，防止陷入一面倒的消极情绪。

19
如何应对恐惧心理

当你遇到特定情境时会感到害怕,比如在高处,比如被抢劫,比如看到一条蛇,这就是恐惧。恐惧是人类的生存本能。人为什么会害怕?因为怕死和未知。怕死是人的内驱力。因为有死亡的威胁,所以你会感到恐惧。

在杰夫·格林伯格、谢尔登·所罗门、汤姆·匹茨辛斯基所著的《怕死:人类行为的驱动力》一书,作者创新地提出了自己的想法——地球上最高级的生物"人类"是因为惧怕死亡,所以当对死亡有了更深刻的理解之后便产生了各种思考,而这甚至是人类文明文化的开端和灵感之泉。

人类其实比别的动物更加怕死。为了生存,我们用尽一切智慧和能力去寻找生命的意义、存在的价值。害怕来自未知,主要是因为"适者生存"。我们尽管有生存的技能和前辈给我们的经验,但是我们的挑战永远未知,但适应是一个过程。所以,在适应之前,人都会有感到被淘汰的威胁。

百度词条上对害怕的分析包括集体无意识，个人无意识和未知。集体无意识和个体无意识由瑞士心理学家、分析心理学创始人荣格提出。集体无意识指的是作为人类一代又一代继承下来的心理"遗产"。而个人无意识指的是个人被压抑的经验或意识不能形成的经验。集体无意识的害怕也就是人类共同的惧怕心理，比如说黑暗，而个人无意识的害怕主要和自己的生活经历相关。比如，有人曾经被狗咬伤，那么他以后可能会比别人对狗更加小心。而未知带来的恐惧则主要是因为人对恐惧的想象。最生动的例子叫我们怕鬼。鬼确实未知，所以我们会想出各种各样鬼的形象，加深我们对鬼的恐惧。

恐惧的想法源自外界刺激到了我们的恐惧中枢。我们大脑底部的杏仁核脑结构是恐惧中枢，对判断恐惧信号起关键作用。每当有刺激出现，这个区域便会迅速活跃起来，我们会通过不断释放能量缓解我们的恐惧。紧张和烦躁，也会带来一系列的身体反应，比如呼吸困难、头痛、恶心。恐惧的反应会通过两条路径传递。低路径的传输很迅速，但这个反应不能判断出这个刺激是否安全。高路径的传输时间很长，会自行判断这个刺激究竟是危险还是虚惊一场。

当恐惧到了一定程度，影响到了正常的行为模式和思考方法，我们就称为恐惧症。我们经常了解的恐惧症有幽闭恐惧症和密集恐惧症，前者神经症患者表现为不能单独待在一个密闭的空间，后者的具体表现是对成簇的或者多孔的密集形状或物体的恶心和害怕。而这两种恐惧症都可以通过心理治疗或者药物治疗加以改善。

恐惧症多来自遗传和童年经历。美国的一项老鼠研究证实了恐惧是由祖辈而来。祖辈的恐惧事件经历将潜在影响母体腹中胎儿未来的行为。他们通过训练老鼠对类似樱花的气味产生恐惧，而这些老鼠的后代在生存环境中对樱花气味的反应远远高于其他老鼠，老鼠的第三代也出现了类似反应[16]。

在家族病史的研究中，专家发现了特殊恐惧症和家族的密切关系。特殊恐惧症患者一级亲属当中有31%患恐惧症[17]，而一般的正常人群只有11%患恐惧症。除此之外，童年时期的性格发育不全，比如对父母的过度依赖和沉默寡言也对恐惧症的形成起了作用。我曾经在一次去大海游泳的时候被浪打翻呛了不少海水，从此落下了对水的恐惧。不过这个恐惧心理随着自己的成长和认知的拓展慢慢减轻。

德裔美国心理学家和精神病学家霍妮则从文化上对恐惧有了更进一步的思考，在其《我们时代的神经症人格》一书中，霍妮着重探讨了文化对特定族群的恐惧程度的影响。也就是说，在某一种文化里面的普通事物到了另外一种文化氛围中，就会产生害怕的想法。神经症患者之所以会有神经症的问题，主要是因为个人生活模式的差异让其承受了偏离所处文化模式的恐惧。

打个比方，你很不想读书，你也对学习没有兴趣。但是，你的父母觉得你只有学习才有出路，你只有读书才能考上大学，找到好工作，结婚生子养活你自己。这种情况下，你会被各种和学习相关的事情困扰，重大的压力之下你逐渐丧失了对原本生活的期望，于是你产生了抑郁。恐惧是人类进化的正常防御心理，但是过度防御会导致人的神经症人格,也就是焦虑。霍妮对病态人格的总结如下:一个人越是病态,防御机制对他人格的影响就越大,他无法去做或者想不到去做的事情就越多。

霍妮将焦虑类型分为四种:

(1)感觉危险来自自身内部且针对自身,比如你突然想跳楼。

(2)感觉危险来自自身内部但是针对他人,比如你想打别人。

(3)感觉危险来自外界但是针对自身,比如你害怕打雷。

(4)感觉危险来自外界但是针对他人,比如你担心有人想伤害你的小孩。

霍妮认为焦虑的程度来自所处社会环境、社会文化对某种行为的忍受范围,并且还会随着时间的变化而变化。

人会恐惧,也会焦虑。恐惧多来自对危险的本能反应,焦虑多来自对危险的预测产生的想象。人在成长后会有更多的焦虑。小孩子没有社会经验和文化的浸染,所以思想较为纯真,看世界的角度也多是蓝天白云、天马行空。大人在社会的打磨和环境的影响下,容易产生脱离本身想法符合社会规律的悲观思想,想多了就容易焦虑。

"难得糊涂"实际上是因为我们不糊涂。成年人的恐惧永远比小孩多,因为成年人的害怕担心其实多是焦虑(过度的恐惧),而焦虑其实就是各种文化的不适应。现代社会节奏越来越快,人的生活越来越忙碌,而人与人之间的距离因为互联网的出现变得越来越窄。这种情况下产生了一种新的焦虑症状——社交恐惧症。社交恐惧症指的是患者在社交场合或者和别人打交道时出现的明显而持久的紧张害怕。

患者为了降低这种焦虑情绪，往往选择回避社交场合。而这种由于人群带来的恐惧往往会引起患者的痛苦，甚至是身体上的痛苦，包括口干舌燥、肌肉抽搐等。儿童社交恐惧症表现为拒绝上学或者其他和同龄人的集体活动，但是儿童患者并不排斥和父母的互动。而成年人的社交恐惧症会引起其他神经症的出现，包括情感性障碍（比如抑郁症）等。

想一想，我们为什么害怕社交？因为我们不能够好好社交。当社交变成了一种生存本领，我们就会担心这种本领符不符合社会规范。在文化的引导下，我们可能没有办法自然地社交。于是，"宅文化"在当前越来越透明的互联网时代大行其道。我们没有办法让自己很好地和别人互动，满足社会和朋友对我们的期待。我们只能把自己"藏"起来，这就是社交恐惧症的开始。

我们会想尽一切办法避开人群，避免交流，甚至选择虚拟网络用其他的人格交流，或者沉浸在自己的幻想世界，比如打游戏或者看科幻电影借以逃离社会。而"藏"的结果是我们没有了最基本的情感表达和想象力的缺失，很多宅人的性格成了外冷内热，"内心汹涌澎湃，展现出来的是一潭死水"；或者外冷内冷，"没有生命的活力，所作所为都是等死"。

后者不太常见，很多社交恐惧症都是前者。南京森知心理咨询中心主任王宇的《社交恐惧症：给社交恐惧者的人格画像与深度剖析》一书中就描绘了这样一部分人："一些人在现实中充满恐惧，在网络上却可以打开自己。""患者和常人好像生活在两个世界——常人眼中的人情往来，在患者眼中就如同被审讯；常人眼中的快乐时光，在患者眼中很可能就倍感煎熬。"

其实说白了，社交恐惧症就是一种对自我和社会的冲突。我们选择宅在家里，其实就是一种对外界的抵抗。家是我们最后的栖息地，我们没有办法改变自己的现状，只能选择待在家里，逃离其他的圈子，继续做理想中的自己。而这种无奈也经常被人称为"丧"。

不过，长时间的消极和懒惰只会让人们离理想中的自己越来越远，而我们也会越来越失去生活的想法。理想是丰满的，现实是骨感的。当我们没有办法寻得理想和现实的平衡，无法在他人和自己中找到一致，我们很容易产生绝望的情绪。有一种绝望，就叫对婚姻的绝望，我们也把它称为"恐婚"。

恐婚是什么？就是害怕结婚，因为到了年龄要结婚这件事而感到焦虑。现实社会中有一些到了传统意义上的结婚年龄（多指30岁左右）的人对婚姻有很大排斥和逃避，我们称这种人叫"恐婚族"。现实社会的恐婚族有两种，一种是依然相信爱情也有固定交往的情侣，就是不想结婚；另外一种则是我们俗称的"独身主义"，自己有自己的小窝，自己也有自己喜欢的事业和固定的朋友圈，但就是不相信有人可以让自己的生活更美好，也就是认为一个人的力量大于两个人的合力。

既然没有什么问题，人为什么会焦虑呢？因为外界不允许，文化不允许。我们所处的社会氛围就是男大当婚女大当嫁、结婚生子乃人生规律，不得违背。如果想走不婚不嫁路线，必定是不孝不德，或者说这个人的精神出了什么问题。久而久之，这一群适龄儿女就会对自己的想法充满怀疑，恋爱不好好谈，生活也不能好好过，于是出现了"恐婚"。

霍妮的神经症的"文化决定论"也让我对当前的恐婚现象有了自己的见解。数百年前我们觉得婚姻乃媒妁之言，指腹为婚；100年前我们觉得婚姻是革命同盟，共同奋斗；50年前我们觉得婚姻需要细水长流，不断磨合；20年前我们开始思考婚前同居和恋爱技巧；10年前我们发现婚姻不需要经过太长时间，有物质基础即可闪婚和裸婚；如今我们开始靠平台、靠媒介、靠互联网找对象，而很大一部分人开始对婚姻失去了信仰。

所以，数百年前如果你想到歃血为盟，人们可能觉得你一定不正常；100年前你觉得婚姻需要经营，人们可能觉得你一定不正常；50年前你觉得应该试婚，人们可能觉得你一定不正常；20年前你尝试私奔，人们可能觉得你一定不正常；10年前你开始网恋，人们可能觉得你一定不正常。现在你觉得婚姻实际上是前世修来的缘分，需要天长地久，海枯石烂。这个不能说不对，但是你会因为现实文化达不到你的理想而产生深深的焦虑。现代的人一面追求理想的婚姻，一面又被婚姻的残酷现实所打败，而"恐婚一族"也应运而生。

换一句话来说，"恐婚一族"不是真的不向往二人世界。恰恰相反，他们看见了婚姻的结局，也更慎重地对待婚姻。如何避免"恐婚"导致的错误婚姻观，我分以下两种情况进行讨论。

对于有对象但又不想结婚的人来说，多看美好婚姻实例，增强婚姻信心。多和对方沟通自己的人生理想和生活想法，保证不会因为婚姻这个形式而影响两个人的关系。

对于"独身主义"的人来说，多和亲朋好友交流，正确认识两人的关系和个体的效用。不盲目追求孤独，也不排斥恋爱结婚，一切随遇而安。要注意和父母亲人沟通，避免因为自己的舒服而忽略了这个选择对父母的影响。

恐惧是我们的防御机制，正是由于对死亡的恐惧，我们才会不断地提高自己的生存技能；正是由于我们想高质量地活着，我们才会不断地进行文明文化活动。甚至人类特有的焦虑，很多时候也是因为我们缺爱或者其他情感。

既然如此，我们如何正面应对恐惧心理？

（1）科学认知，建立正确的防御机制。

危险来自集体或者个体无意识以及未知。所以，我们需要不断学习科学知识，拓宽自己的视野，正确面对危险和挑战。在危险到来之际保持客观冷静，不盲目、不偏激，理性思考，积极寻求帮助，避免因为自己的错误认知导致对危险的过度预测。

（2）不纠结过去的痛苦经验，活在当前。

痛苦给人的伤害会很久，而其中童年的阴影会更大。所以，我们需要真正从童年中走出来，积极面对生活的每一刻每一秒，用一种全新的姿态去面对类似事情，而不是一朝被蛇咬，十年怕井绳。当我们多一分积极的思考，就多一分摆脱恐惧的可能。

（3）不怕被外界负能量影响，做好自己。

负能量是会影响的。而人类趋利避害的天性导致了人在思考一件事的时候永远从消极影响出发。因此,我们需要有自我的意识,对于别人的意见选择性接受,而不照单全收。正确归因痛苦,而不是根据别人的不良结果而预测自己也会遭到同样的伤害。

20

贪婪的深层原因——边际效应

老话说得好,吃着碗里,想着锅里。现实生活中,我们经常会被别人说不要贪,知足常乐。人为什么会贪婪,人为什么永远都会想要吃别人碗里的东西,是因为那个东西变了么?不是的。

我们有嫉妒心理,所以我们也想要别人的好东西。当然,最主要的是因为人需要不断地找刺激。因为同一种东西对于我们,其边际效用是递减的,而在多巴胺的驱使下,我们需要不断地找更多好玩的、好吃的、好喝的东西。边际效应的基本内容是,在一定时间内,在其他商品的消费数量保持不变的条件下,消费者从某种物品连续增加的每一消费单位中所得到的效用增量(边际效用)是递减的。

边际效应在社会心理学上也称为贝勃效应,指的是人经历第一次强烈的刺激后,之后受到的刺激对他来说就变得没有那么强烈。即第一次刺激能缓解第二次的小刺激。比如:你饿了别人给你三个包子,但是第一个你会觉得很好吃,吃多了就会产生厌烦心理。这其实就是刺激多了就麻木了。

我们在最初的一节介绍了多巴胺——这种会让你感到快乐的神奇物质。多巴胺产生的愉悦会随着经验的累积而降低。也就是说，多巴胺是奖励预测误差。所以，大量多巴胺分泌于未曾想到的惊喜，获得多巴胺的关键在于想要，而不是拥有。也就是说，多巴胺有个阈值，也就是奖励预测误差（Reward Prediction Error）。你在学习了某件事情，累积了某种经验，或者吃了某种东西，做了某种行为后，这个阈值会升高。这也意味着当你下次再重复某种行为的时候，你不会感觉到愉悦。换句话来说，你感到快乐的同时，也意味着你需要去寻找下一个快乐，你对自己已有的东西没有那么感兴趣。

多巴胺阈值会导致柯立芝效应。柯立芝效应（Coolidge Effect）指的是雄性动物和原配交媾后又立即找新的交媾对象，也可以很好地解释性上瘾，因为所有的上瘾活动都与多巴胺有关。柯立芝效应一旦被触发，你就会感受到过山车般从巅峰到低谷的过程。

多巴胺阈值还体现在除了两性之外的其他区域。多巴胺产生的机制在于奖赏预期的误差，也会迫使你继续寻找更大的误差，因为你的阈值会升高，你的愉悦感会更难出现。于是人类穷尽一生去寻找快乐，这种快乐来自对未知世界的不断探索。

你的愉悦来自新奇，而不是快感。无论是性高潮还是其他吃喝玩乐，一切让你感到兴奋的东西都是好奇心使然。

2017年年底，市场上传言：10个比特币可以买奔驰，100个比特币可以买房。但2009年，1美元需要1309个比特币。比特币在2018

年从1∶20000万美元,变成1∶10000美元、1∶7000美元、1∶5000美元。比特币的有限总数量和无法揣摩的规则,可以让人在短时间有巨大的财富波动,因而人们趋之若鹜。我们不好评价比特币本身,因为经济甚至科学的根源其实并无对错。但买比特币的人实际上是陷入了贪婪的无底洞。而始作俑者,就是多巴胺阈值。

之前有则"上海名媛群"的新闻,我们看到了一些女性通过抱团取暖的方式,把团购做到了极致,在朋友圈实现了阶级的突破。比如,集资去喝五星级酒店的下午茶,背爱马仕。

追求好的物质生活本没有错,但是不通过自己脚踏实地的努力获得的财富,一定会影响身心健康。试想一下,喝了五星级酒店的下午茶,在大落地窗前看到了高楼林立的美景,花五十块就能背五万块的包,突然间可以不定期地感受总统套房,她还能习惯自己真实的生活吗?不会。

追求多巴胺阈值的结果是,我们会变得不珍惜自己已经拥有的东西,转而投向别人拥有的我们没有的东西。而这种"吃着碗里,看着锅里"的思想也会危害我们的正常生活,因为人的欲望永远无止境。

在斯图尔特·西姆的《贪婪的七宗罪》一书结尾,作者提到对未来的担忧:今天的文化也在大力提倡积累个人财富。我们也在面临一些贪婪的案例,比如以市场为基础的文化。贪欲意味着我们现在立刻就想要填补我们内心的空洞,不论是在股市中大赚一笔,还是获得越来越多我们碰巧已经上瘾的东西——食物、服装或是奢侈品等。我们大可忍受贪婪,但是摆在我们面前的任务是确保它被限制在合理的范围之内。以下是我认为可以与贪欲共处的几个小建议：

（1）不追求物质的最大化，而是从实际出发，按需索取。

（2）认识自己的真实情况，避免产生超出本人能力的幻想。

（3）珍惜现有的物质财富，防止因为追求新鲜而失去现有的。

（4）端正心态，不会因为社会的个案而影响价值观。

（5）勤劳致富，踏实工作，对物质和精神都要有追求。

个人认为，欲望的满足其实是人类维护自尊心的一种体现。作为人类社会的个体，我们需要被别的个体承认，所以我们会用各种贪婪的方式去取得社会的优势地位，借以换得别人对我们的尊重和认可。试想一下，我们想成为富人，很多时候是因为富人或者上流阶级会拥有很多穷人或者底层人民没有的生活的优先权和教育优先选择权。我们拼了命让自己跻身上层阶级、上流社会，很多时候不是说我们真的需要这么多的财富，而是我们如果没有一定的财富，便没有办法证明自己独特的地位，从而赢得别人的尊重。

值得一提的是，就算你在物质世界获得大量的财富、较高的地位，你可能还是没有感到幸福，原因是你的时间因被追求物质财富而占满，而你本应该留给自己的灵魂或者精神的时间却没有了。所以，我们不需要总是羡慕别人碗里的东西。也就是说，不要因为看到别人的大量财富而悔恨自己虚度光阴，不要因为看到别人在成功时获得大量赞美而为自己找不到伯乐而感到遗憾。

人因欲望而存，也因欲望而困。我们因为有了欲望，才会努力上进，才会勇敢向前，才会学会和自己共处，和别人共处，让我们的物质生活丰富多彩，让我们在和自然的相处中获得更多的灵感和智慧。我们需要珍惜自己所拥有的，因为拥有本身就是一种幸福。人的生命有限，时间有限，我们对物质的不断追寻必然会导致我们精神追求的缺失。我们其实非常珍惜人类特有的大爱和灵性。而且我们也会通过艺术等其他方式进行精神输出和情感支持。没有情感会带来人们生活的空虚，而这种空虚是非常难弥补的。

所以，控制自己的欲望，让自己更有生命力，让生活更加宁静而幸福。

21

正念可以提高注意力

专注力又称注意力。威廉·詹姆斯在《心理学原理》一书中提到"注意",是意识以清晰而迅速的形式主动在多种可能中进行选取加工的过程。聚焦、集中和意识是注意的关键因素。注意同时也意味着对某些对象的忽视,以便更高效地处理其他对象,它与分散、混乱的精神状态相对,后者称作分心。

法国国家科学研究院神经认知科学研究员让-菲利普·拉夏写了一本书叫作《注意力:专注的科学与训练》,其中提到了一个猴子找香蕉的实验。研究者发现,给猴子看两张照片,一张是苹果,另一张是香蕉。猴子能够毫不费力地指出几分钟之前看到的是哪张照片。所以,对下颞叶皮质神经元来说,在身边寻找某一物体和记住这个物体没什么两样。如果一只猴子在寻找香蕉,那么这些神经元在整个寻找过程中都保持较高的活动水平。

专注力可以用聚光灯效应来解释。聚光灯效应(Spot Light Effects)

是康奈尔大学心理学教授汤姆·季洛维奇（Thomas Gilovich）和心理学家肯尼斯·萨维斯基（Kenneth Savitsky）提出的心理学名词，指不经意地把自己的问题放到无限大。也就是说，当我们专注在某一件事的时候，我们可能没有办法去关注别的事情。而专注，可以把我们的精力更集中地放在某件事上。

我们在小学的时候听说过一个"阿基米德在洗澡的时候发现阿基米德定律"的故事。国王找了工匠做一顶纯金的王冠，他怀疑王冠的金子含量，便要阿基米德在不损坏王冠的前提下鉴定它是不是纯金制成的。阿基米德捧着这顶王冠天天思考，啥也不关注，直到有一天，阿基米德去浴室洗澡，一跨入浴桶，一部分水就从桶边溢出，一阵电流从阿基米德脑中穿过。于是阿基米德把一块金块和一块重量相等的银块分别放入一个盛满水的容器中，发现银块溢出的水多得多。阿基米德便先后拿了与王冠重量相等的金块和王冠分别放入盛满水的容器里，测出排出的水量。这就是我们现在熟悉的阿基米德定律。专注力让阿基米德得到了灵感，发现了真理。

现实生活的工作基本上都会受到大大小小的干扰，而这个干扰有可能来自资讯，也有可能来自人群。信息大爆炸时代，我们会听到各种各样的声音。魏格纳（Wegner）教授在其著作《白熊以及其他一些不想要的思想》（The White Bear and Other Unwanted Thoughts）中提到如果实验员让被试人员什么都可以想，就是不要想白熊，那么其结果是绝大部分人会想白熊，而且多次乃至无休止地想白熊。白熊理论多用于形容物极必反的心理学效应。也就是你越被告诉不去想它，你越会注意到它。

专注力让阿基米德得到了灵感，发现了真理。那么现代社会，我们需要专注力做什么？工作，学习都需要我们的专注力。因此，为了让我们的工作更有效率、更加愉悦，我们需要提高专注力。这里说一个番茄工作法，也就是间歇工作法，通过将时间拆分，以达到单位时间内的最高效。番茄工作法来源于弗朗西斯科·西里洛著作的书《番茄工作法》，说的是时间管理。而番茄工作法需要做到以下几点：需要把每个专注的时间限定在一个番茄时间（25分钟）。该番茄时间内不得做别的事情。

番茄时间只适用于工作场景，你不可以用番茄时间的概念来对待生活。每个番茄之间需要有休息时间，而番茄时间内不允许休息。

（1）番茄时间数量不是越多越好，工作的成效取决于你多专注而不是你耗得时间的多少。

（2）一个番茄时间内如果做与任务无关的事情，则该番茄时间作废。

（3）永远不要在非工作时间内使用"番茄工作法"。例如：用3个番茄时间陪儿子下棋、用5个番茄时间钓鱼等。

（4）不要拿自己的番茄数据与他人的番茄数据比较。

（5）番茄的数量不可能决定任务最终的成败。

（6）必须有一份适合自己的作息时间表。

而专注也是人类的快乐源泉。米哈里·契克森米哈赖所著的《心流：最优体验心理学》中提到，心流体验实际上是心灵体验到达最优状态时，即心中澄莹如练，一切烦恼都没有的状态，也是一生中最愉快的时光。而这种能量可以帮助人们更专注地做某件事，并且使自己战胜一切困难，取得更高的成就。心流的体验是意识的"一片祥和"。而我们进入心流状态之后，就不会有任何负能量，甚至达到高僧修禅的"物我两忘"。而这种至高的宁静和喜悦可以让我们忘记时间和死亡。除了心流，还有一种方法可以帮我们提高专注力，这个方法叫作正念。

为了缓解我们日常生活的紧张和各种信息扑面而来的不适应，很多成年人会在业余时间选择相对来说比较安静的活动，比如读书或者练瑜伽。瑜伽是一个可以让练习者身心都达到宁静状态的一项运动。瑜伽对环境的要求较高，需要很安静的场所。练瑜伽的人需要听从导师的口令让动作舒展，而瑜伽也需要人在练习过程中完全抛开内心的杂念。练习者可以通过瑜伽感受身体的力量，并在瑜伽必备的冥想中提升专注力，减轻心理压力，从而获得更多的灵感和生活的感悟。瑜伽就是一种正念禅修。正念是一种有意地、不加评判地对当下的注意。正念减压疗法创始人卡巴金教授说正念有两个要素，觉察与慈悲。一个是对身体的感受，一个是放弃追求有悖于当下体验的企图。

定期练习正念可以增强人的感受力，并且明白生命中哪些是重要的，哪些不是重要的。而这种因为正念而产生的同情感将你从痛苦和忧虑中解脱出来，取而代之的是一种真正的幸福感，并具体体现在日常生活中。这种幸福感并不会随着你熟知它的乐趣之后慢慢消散，它会深深根植在你身体的每一个细胞中，你的忧伤、压抑等负面情绪就会消失。那么如何练习正念？马克·威廉姆斯、丹尼·彭曼在《正念禅修：在喧嚣的世界中获取安宁》里提到了"巧克力禅修"这种有意思的方法，也就是通过闻、看和品尝一些巧克力，让巧克力在舌尖融化，一块一块地吃，你便可以感受到正念的乐趣。

下面我结合自己的经验说一下正念禅修的其他方式。

（1）面包房禅修。我每次经过面包房的时候，都很想走进去闻一下，感受一下热气腾腾新鲜出炉的面包散发香气的那种感觉。有时候会去买一个品尝，当我用手掰开面包放进嘴里的那一刻，我突然感受到了咀嚼的快乐。

（2）咖啡禅修。喝咖啡其实不一定是为了解决困倦，喝咖啡也可以感受时光的慢慢流淌。我经常会拿着笔记本电脑在咖啡馆写作，短则半小时，长则一整天。我特别喜欢闻咖啡的那种香气。当我听到咖啡机在磨豆子，我的身体逐渐被咖啡香气包围，我会觉得整个大脑是健康的，整个人是有力量的。

（3）舞蹈禅修。这个就有一点矛盾，因为禅修需要静止，但是舞蹈是动态的。舞蹈其实也是一种放空的方式，当你完全投入在舞蹈的动作里，沉浸在不同的音乐里，你会发现自己的疲倦都消失了，你的内心跟随音乐和舞步会变得喜悦起来，你甚至觉得生活是充满希望的。

按照我个人的经验，上述三种禅修只要坚持一个月，每个星期三到四次，就会有很好的效果。

最后我想提到的是人的信仰。在《心流：最优体验心理学》一书中作者在最后面写了信仰的作用。只要个人目标与宇宙心流汇合，人生意义的问题也就迎刃而解了。而我想说的是，当你有了信仰，你就有了对生命的执着，你的每一个举动都将会因你更加坚定而更加专注。

22

逆转思维：弱者如何转败为胜

"第一性原理"被马斯克给带红了，因为马斯克说自己的创业思路就是"第一性原理"。其实"第一性原理"是由古希腊哲学家亚里士多德提出。亚里士多德认为每一系统的探索中，存在唯一的源头，也就是一个最基本的假设，不能被违反。亚里士多德的第一性原理，意思就是认识事物的本源，发掘事物的真相，从整体拆零件直到不能拆为止。一般人的思考就是从表象推导结果，而第一性是从事情的表象如剥洋葱般剥到最里层，然后再推理。一般人遇到一件事情先搜索相关信息，通过比较发现最优的信息得出结论。因此，我们都是踩着别人走过的路把它越走越平，却无法走到自己想走的路上。我们都是被动式地学习，被动式地获取信息。

我们来做个实验。假如你自己想要造火箭，会怎么造？请用第一性思维分析这个问题。火箭有什么？火箭有材料。什么材料？航空用铝合金，还有钛、铜和碳素纤维等。去哪里买？市场。买得起吗？买不起。那怎么办？自己研发。实际上自己研发火箭材料远没有想象中那么贵，仅占所有开发费用的 2%，而这个就是马斯克在开发火箭项目 SpaceX 之初解决火箭成本的问题所采用的思维方式。

在中国股市里，能赚钱的散户不超过 5%。冯柳是散户界的奇迹，因为他曾创下 10 年 900 多倍的惊人收益。后来冯柳成了私募从业者，成果累累，其弱者思维被众多股民争相学习。和众多追涨杀跌，天天盯盘的积极进取型散户不同的是，冯柳知道自己作为散户的力量有限，他也承认自己的懒惰和随心所欲，没有全面的投资理论。

根据自身情况，冯柳提出了"弱者思维"——承认自己是个弱者。弱者体系就是假定自己在信息获取、理解深度、时间精力、情绪控制、人脉资源等方面都处于这个市场的最差水平，能依靠的只有时间、赔率与常识。而和机构团队投资不一样，我们没有那么多的钱，当然也没有那么多的压力，我们也不需要和同行做对比，我们花着自己的钱，做着自己想做的事。冯柳不主张强买强卖，踏踏实实炒股，不期待自己短期收益，希望自己可以跟随大流，靠着市场的力量，从中获益。

作为一个弱者，需要借助的是群体的力量，所以冯柳相信市场，冯柳相信自己可以跟随市场获益，而不是像很多人那样想占市场的便宜，想通过比别人更迅速地在高位抛掉股票，更低价地买进股票——在这种比较中获得利润的最大化。还有一点很重要，冯柳比较随心所欲，没有过多的好胜欲望。也就是他甘愿作为一个弱者。这种谦虚和谨慎让他后来成就了"散户"之王。

马斯克其实最开始也不是强者，他的火星梦想对很多人来说是荒谬的，而他自制火箭并且一次又一次发射失败还不惜倾家荡产继续自己的梦想这件事也是我们在他成功之后才开始理解的。与其说马斯克是一个成功的企业家，不如说他是一个疯子。什么人容易成功？疯子。因为疯子有巨大的勇气，知道自己想要什么，还有中了邪一样的执着。

很多人只是承认自己的弱小，但是忽视了自己的其他能量，在弱小身躯里隐藏的巨大的能量。我们可以说：当你承认自己不能获得成功的时候，就是别人成功的开始。当你相信无论怎样你都能成功的时候，就是你自己成功的开始。我只是把这段话用我的理解说了一遍，但这段话并不是来自我，而是来自写出一万小时天才定律理论的《异类：不一样的成功启示录》的畅销书作家格拉德威尔的另外一本书《逆转：弱者如何找到优势，反败为胜》。

之前有一个大四学生何同学因为采访苹果CEO库克被部分网民嘲笑，称这个孩子一定是因为背后有团队家里有矿才可以在茫茫人海的自媒体世界杀出重围，才能因为拍摄精美视频获得和大佬交流的机会。我看到一篇关于这件事的最好的评论的文章，内容是：将一切失败都推给诸如"原生家庭"这样的理由，无非就是证明自己的懒惰。我们忽视何同学每一期视频背后承受的焦虑和创意被掏空的恐惧[18]，结果就是：你不相信别人，也不相信自己。这也是富人和穷人的差距。富人永远相信自己，穷人永远怀疑别人。

一些人假装富有，其实他们一无所有；一些人假装贫穷，其实他们早就拥有了巨大的财富。这句话出自《逆转：弱者如何找到优势，反败为胜》。

书里面讲了一群成功者——阅读障碍者。伦敦城市大学的朱莉·洛根（Julie Logan）通过近期的研究报告指出，该比例约达到三分之一。在这张成功的阅读障碍企业家名单上，许多过去几十年来最著名的创业家都榜上有名。当然书中令我印象最深刻的阅读障碍者有两个人，一个是律师，一个是制片人。

在律师的故事里面，律师博伊斯谈到自己知道自己读的能力不行，但是自己很擅长听，所以他会通过专心听讲和问问题的方式分解案件。而正因为自己没有办法理解特别复杂的有较长篇幅的案件，所以他需要把这些案件用最通俗的方式呈现。这也是博伊斯和其他律师的不同的两点：善于倾听（注重细节）和简化问题（提炼本质）。所以，善于发现事物本质、注重细节的博伊斯尽管有阅读障碍，还是成了一个知名律师。

另外一个阅读障碍者叫布莱恩·格雷泽（Brian Grazar），他因为看不懂单词，在学生时代需要无数次和老师谈判修改分数，保证自己毕业。如同前面的博伊斯在练习听力一样，格雷泽不停地练习谈判——以弱者的身份去和强者对话，而这种谈判能力让格雷泽成了好莱坞过去30年来最成功的电影制片者之一。

我们难道不能说这种不断练就其他技能补偿自己劣势的做法成就了这些成功人士？如果博伊斯没有因为想克服阅读障碍所以拼命练习听力，可能也成不了顶级律师。同理，如果格雷泽如果没有因为阅读障碍的劣势而苦练谈判技巧，也成不了好莱坞制片人。

我们认为的劣势，难道真的就是劣势吗？我在讲自卑的一节里引用了个体心理学创始人阿德勒的补偿理论。也就是说，当你认识到了你天生的劣势，却依旧不打算向命运低头，决定奋发努力的时候，就是你卓越人生的开始。优势和劣势是可以相互转换的。你认为的劣势很有可能只是提醒你，其实你还有上升的空间和其他潜能，而你需要把你的所有潜能找出来。什么是你的潜能？就是你一直很想做的事情，你愿意一生付出时间、精力不计报酬去做的事情。只有你把潜意识发挥出来了，你才有成功的可能。

我曾经是一个连 800 米都跑不完的人，但是我在 2009 年的时候参加了半程马拉松，并且顺利完赛。在比赛之前的一年，我每天都要锻炼两个小时；在比赛之前的一个月，我每天五点起床去家后面的公园跑步。我知道自己喜欢运动，虽然天生没有什么跑步的优势，但我有的是毅力，毅力可以帮助我获得体能。直到现在，我还是很喜欢跑步，我甚至可以很自豪地说，我擅长跑步，因为我参加过马拉松。

前面我提到了跳舞禅修，而本书有一节写的是唱歌跳舞的作用。我曾经一度认为，手脚不协调、四肢僵硬的自己无法跳舞，这件事在我 6 岁在舞蹈培训班上的悲惨遭遇就已经证明。6 岁的我放弃了跳舞，但最近一年我捡回来了。因为我知道自己很喜欢音乐，也很擅长唱歌，可是没有比一边唱一边跳更令人兴奋的了。所以，我努力地通过瑜伽让自己更柔软，并且不断地参加各种舞蹈培训，包括芭蕾、爵士等。值得高兴的是，尽管我跳得还是和想象中的有一定差距，但是我因为这个爱好融入了当地的舞蹈圈子，交到了很多热爱跳舞的朋友，我觉得这就是收获。

试想一下，如果我只是承认自己确实没有跑步和跳舞的天赋，忽视了自己的毅力和对音乐的敏感，我可能就没有办法在以后的人生中有这两大爱好。而如果我没有这两大爱好，我的生活也不会像现在这么丰富多彩，而我又少了两个感受美好生活的选项。

当你有勇气承认什么是自己真正擅长的，而不是去和别人比他们擅长的，甚至全盘否定自己什么都不擅长，并且愿意为突出自己的优势弥补缺陷而比别人花更多时间和精力去练习、去提升，相信你一定会成功。勇敢、信念和坚持都是成功者的必备因素。

如何勇敢，请参照关于恐惧那一节；信念，请参照自信那一节；坚持，请参照一万小时定律那一节。本文最后想用《逆转：弱者如何找到优势，反败为胜》一书里面最开始大卫的故事说明"弱者如何逆转"：大卫将手伸进肩包里拿出一颗石子。在那一瞬间，大卫拿出其中一颗石子放在投石器的皮囊里，朝着歌利亚没有遮挡的前额发射过去。大卫向歌利亚跑过去是因为他有勇气、有信念。

人类的进化史其实就像是一部用智慧和爱抵抗自身弱点不断向前的历史。我们之所以是地球的主宰，不是因为我们强大，恰恰是因为我们懂得自己的渺小。

23

孤独：你为什么需要朋友

人为什么需要朋友，因为人们害怕孤独。孤独会导致什么？自杀。之前有文章曾提到自杀率的上升可能与居家办公、学校关闭、人们与他人的社交减少相关。

孤独让我们难以忍受。我们在精神控制那一节讲过，人的痛苦源自被孤立。孤独会损害我们的情感。一项研究发现，人们和朋友在一起时获得的幸福感要高于和伴侣或孩子在一起时的幸福感，因为和朋友在一起做一些开心事情的时间更多。人们和朋友在一起的时候，65%的活动时间与社交有关，而和伴侣在一起时参与社交的时间只有28%，和孩子在一起也意味着要花更多的时间做一些乏味的事情，比如家务活[19]。

可以看出，我们更倾向于精神交流和情绪互动，这也是为什么有空的时候我们会更倾向于打电话给朋友而不是给父母。原因是朋友很在乎你的情绪，而父母更多关心你的生活状况甚至生活细节。婚姻生活的无聊常常会影响夫妻之间的情感,也就是当茶米油盐酱醋茶这类乏味的生活细节占据了生活的全部,再怎么相爱的人可能也体会不到彼此曾经的心心相印。

我们经常高估了自己对物质的需要。实际上,当我们有了一定的物质基础,我们更加期待的是情感交流,或者说是积极的情感交流。我们希望自己生活在爱的包围中,这就是幸福感。

孤独也会损害我们的大脑。《新英格兰医学期刊》发表的一项研究表明,人的大脑会因为孤独而有萎缩的可能。研究中,科学家监测了在人迹罕至的南极研究站的9个人14个月。在最后的观测阶段,科学家发现这些人出现了头晕目眩的症状,科学家在对这些人的大脑的前后扫描图像中发现其海马体(对学习和记忆至关重要的大脑区域)显著缩小[20]。

为了研究他人的生活是如何影响个体的孤独感和生活满意度,克里斯托弗·巴里(Christopher Barry)教授对来自全美各地的419名实验对象展开了调查,根据实验结果发表了论文《错失恐惧症(FOMO):代际现象还是个体差异》。FOMO说的就是,自己担心错过了别人正在得到收益的活动。人们普遍认为,自己缺席的时候,其他人可能正在获得收益。无论是什么年龄段,我们如果没有分享到别人的快乐,我们会感到孤独甚至其他负面情绪,社交媒体会加重我们的这种感觉。而不同的人对别人在社交媒体的展现会出现不同的反应,一些人会比另外一些人有更强的孤独感。

"社交媒体会加重我们的孤独感"听上去有一点不可思议,因为社交媒体产生的初衷就是为了让科技时代的我们更加方便地联系朋友，甚至在有限的时间和空间认识更多的新朋友。为什么我们在虚拟世界遇到的人越来越多，却越来越没有人群的亲密感？因为我们忽略了朋友的本质——两个人的互动。而两个人的互动需要时间。

我们在利用自己越来越少的时间去结识越来越多的人，也就是当下广为推崇的人脉。殊不知，我们得了人脉却失了人心。朋友是双向的，是需要双方都付出。友情的快乐存在前提是两个人共享同一时间和空间。互联网时代，我们的社交习惯变成了什么样子呢？你知道为什么我们的朋友圈人越来越多，但是我们的亲密感却越来越少了？卡内基梅隆大学的莫伊拉·伯克（Moria Burke）对1200名脸书（Facebook）使用者研究，在其论文《脸书的使用和幸福之间的关系取决于沟通类型和链接强度：脸谱和幸福》介绍了三种社交网络行为：

（1）点赞式交流，没有实际内容，如同机器人般点赞或者表达泛泛的赞美。

（2）广播式交流，即浏览信息流上的朋友最新动态和各种提醒信息增加见闻。

（3）创作式交流，即沟通的内容是个性化的、自我抒发情感似的交流。

我们可以发现，以上三种交流不存在我们提到的朋友的亲密互动。也就是我们在社交媒体上仅仅是认识了人，但没有交到朋友，甚至可以说社交媒体只是我们展示自我和发现别人的工具。而友情的产生还是需要最原始和最直接的面对面的交流。虚拟世界我们不太清楚对方的身份和背景，而友情的深浅很大程度上取决于真诚和边界。

我们希望别人进入我们的范围之内，我们又希望保留自己的空间。虚拟社交没有边界，也不确定对方是否真实，我们对于社交网络上的交往不重视也不走心，更不用对对方负责，所以我们就没有办法真正付出我们的感情，也没有办法得到我们想要的感情。

互联网还有一个弊端就是我们可以无限制地加好友、删好友甚至进群加入圈子，用翻译器和别的国家的网友交流。当我们拼了命地关注别人，积攒粉丝，我们得到的是认可，或者为了认可进行自我鼓励，但我们没有办法获得情感的支持和慰藉。这些都是我们为什么有了社交工具、有了社交媒体之后更加孤独的原因。试想一下，我们以前是不是会和别人说话，分享每天的见闻？但现在我们只发朋友圈了。我们看到别人的朋友圈之后，心情更加烦躁，因为我们会嫉妒那些看上去活在我们期待的生活中的人。

邓巴研究显示，人的大脑皮层提供的认知能力只能使一个人与大概150个人拥有稳定的人际关系。也就是说，人们希望拥有更多虚拟网络"好友"，但现实生活中只可能和150个人保持至少一年一次的联系。这也说明我们的交友数量是有限的，我们的精力和时间让我们不可能无限制交友。

我们认识的人越多，我们留给每一个交往的人的时间就越少。很多人会被我们排序，按照重要性排序。排完之后，我们就会根据我们的时间有目的地聊天。久而久之，我们就再也不能很随心地表达情感。我们放弃了看上去对我们没有实际作用的朋友，开始和同学或者同事交流，关于学习和工作的交流，或者在互联网上和不熟悉的网友交流，或者为我们喜欢的网络红人刷礼物。

我们努力地把自己变成一个上进的人、坚强的人，把自己从真实情感中剥离出来。受网络游戏和媒介的影响，我们和线上线下的朋友交流时都是段子手、大师或某个其他面具的人设，就是不是我们自己。没有情感，没有互动，我们没有办法感受真正的亲密关系。而这种看似有价值的内容式的聊天，很多时候只是获得知识的一种形式，我们需要用感情甚至共情来缓解孤独。因此，虚拟网络时代，声音越来越多，声音也越来越小；朋友越来越多，朋友也越来越少。更有一些人，反常地不想交朋友了。

疫情之后，我们变得更封闭了。我们发现自己有很多独处的技能和才华。所以在疫情好转大家可以出外工作以后，我们都发生了精神的升华，也就是说疫情让我们看清了一些本质，我们更加追求内心的富饶。后疫情时代，我们活得无欲无求，仿佛活成了自己城堡里的公主或者王子。

对此，我建议你保持独处的习惯，但不建议你长时间孤独。孤独意味着别人和你有距离，你只信任你自己。而独处是给自己思考的空间，明白自己究竟要什么，想做什么。现代人生活忙碌，很多时候我们其实是为别人忙活，已经记不清自己真正的想法是什么样子了。独处，是一种高级的精神自由。我们依旧在城市里生活，有着自己的朋友，但我们有着自己的空间，我们也有自己的思考时间。

还记得"大师是如何炼成的"那一节和自律那一节的内容吗？

"大师"一节其实说的就是正能量,而自律一节里面提到了一位马拉松大师基普乔格的纪录片《埃鲁德》是在一个训练营里面,通过团队训练、共吃共住的方式让所有的马拉松运动员更开心地从事这项运动。一个人跑马拉松是寂寞的,但是如果拥有一帮志同道合的朋友,团队的力量就会形成一个良好的训练氛围,让你不再感到寂寞。

真正的幸福就是,美丽的自己和美丽的别人共同生活在这个美丽的地球上。

24

同理心不是同情

上一节我们说到,孤独来自无法和别人产生亲密感及割裂时间、空间的联系。如果我们和自己的亲人、爱人、友人在一起共享时间、空间,但不是面对面的交流或者从事某项集体活动,而是玩手机、看手机,做自己的事情、各说各话。这种情况下,我们就不再孤独了吗?不是,我们会一起孤独。

麻省理工学院社会学教授、哈佛大学社会学和人格心理学博士雪莉·特克尔通过研究人与机器人的互动,以及新时代人们的网上行为和养老院的研究,发现信息技术让人们的关系弱化。其实人们在享受科技带来的愉悦和便捷的同时,越来越焦虑,越来越孤单。雪莉·特克尔博士针对这种情况创造了一个新的名词,并且写了一本书《群体性孤独》。

《群体性孤独》原名为:群体性孤独:为什么我们对科技期待更多,对彼此却不能更亲密,说的就是我们已经把注意力放在了追逐工具给我们带来的便捷和愉悦，而不是人的交流和沟通。现代社会我们还是在一起工作，甚至我们有了互联网，认识了更多的人。但是，为什么人都在身边，我们依然会觉得孤独？因为大家没有真正地在一起做事情。为什么我们越来越不喜欢交流？因为很多时候都是你表达你的观点，我说我的看法，要么你对，要么我错，总之大家都有一个坚定的立场，而交流的结果是——你必须同意我，否则你就是不尊重我、不喜欢我、不爱我。

这种缺乏同理心和共情的情况以前只会出现在神经症患者身上。患者往往过于看重自己的想法，或者将别人的想法代入自己的思考模式，因而产生消极负面的情绪，出现生活或者群体的不适应。随着科技的发展，很多人其实都在一个开放而又封闭的互联网中变得越发独立而又"无情"。

这种"无情"不是没有感情。相反，我们的精神文明和物质文明都在加速发展。甚至我们在机器人领域打算把人的情感也模拟进去，实现人工智能。智慧的人类知道自己对情感的需求，也在想尽一切办法用科技的方式满足情感的需求。

我们有相亲网站解决结婚的问题，我们有社交工具解决交友的问题。我们可以看电视剧、小说满足对理想伴侣的憧憬，我们甚至有了陪伴机器人满足我们的情感需求和生活需求。我们对周围的人群视而不见，对熟悉的事物很快厌倦，我们的情感重心从过去的和现实世界的朋友同甘共苦，到每天花大量时间邂逅或点赞陌生人。

在《群体性孤独》一书中有一个细节吸引了我的注意，作者通过和终身残疾的前同事的对话惊讶地发现：对于同事理查德来说，和有虐待倾向的人在一起都会让他感觉充满生机，而他作为人类的尊严来自一个"虐待狂"护士，而不是一个机器人。我们其实是希望由人和我们互动的，哪怕被"虐待"一下。可是，现实生活中可能连"虐待"我们的人都没有，也就是我们的所有表达和感情输出都是单向的。我们既感受不到别人的喜悦，也没有办法让别人感受我们的悲伤。时间长了，我们都丧失了社交的兴趣。

当今社会，已经很少有人会去换位思考别人的感受，人们普遍缺乏同情心。孩子们全神贯注于社交媒介上的"朋友"和"粉丝"，进而失去了对真正友谊的兴趣。这就是我们觉得在人群中依旧孤独的原因：缺乏同理心。

我为什么用同理心替换同情？因为同情和同理心有很大的区别。同理心说的就是和你共情，而不是想改造你，而同情说的是站在自己的角度，居高临下地觉得对方处在弱势地位。

在作家、咨询师、演讲者辛迪·戴尔的《同理心：做个让人舒服的共情高手》书中写道：共情是互相体验自我之外的人、生命、力量或物体的状态的能力。它是一种天赋，也是一种灵性。当我们可以感应到他人的需要时，我们就可以减轻他们的痛苦，甚至可以和他们一起喜悦。与之相反，同情是潜在的创伤，跟虚无缥缈、难以捉摸的信息之间的联系就算不危险，也会造成自我、健康、人格方面的缺失。

我们说"同情"都是说同情弱者。但是，这个世界只有暂时的弱者和不被发现的强者。如果我们都是以一种"强者"姿态来看待我们之外的"弱者",我们一定会让对方因为意识到自己是"弱者"而更加痛苦,而刺激到别人的你也只会感受到自己的强大而不会因为伤害别人而感到幸福。我经常听到这样的话:"我为你好,你怎么总是不知道。""我也很明白你的遭遇,那你按照我的方式去做好不好?"这都是同情,只会给对面的人带来更多的创伤,而这种创伤比他自己明白的痛苦更加难受。

现实世界里,很多人都在一边靠近人群,一边逃离人群。靠近是为了跟得上节奏不被社会淘汰。而逃离人群是因为信息的开放化和透明化让我们的渺小和无助都被放大,而我们有时真的想稍微离开人群让自己活得更轻松一些。我们很多时候对别人没有了共情力,与此同时我们也失去了别人对我们的共情力。

我们是从什么时候失去共情力的?从我们不愿意承认自己的软弱开始。当我们所有的语言和行动都必须完美无瑕,当我们的生活轨迹必须精心计划,当我们的朋友必须和我们一样优秀,我们的人生必须向着最优秀的那个人看齐……

当我们丧失了自己的慈悲和怜悯时,我们也失去了体恤别人的能力。教育的作用是让我们打开视角,科技的作用是让我们发现未知,没有一种科学让我们封闭,但是我们却在日益开放的世界里活得越来越封闭,也越来越不快乐。

生活中有各种猜测和套路,目的就是把别人带进我们的世界里。于是,我们有了更多的听众,但我们也越来越孤独,这就是当前科技影响下互联网时代的真实写照。我们总是要别人理解我们,可我们从不去主动地理解别人。我们总是害怕自己被别人误会，其实我们是怕别人看穿我们的自卑，我们是"巨人"，完美的"巨人"不容藐视。

当我们假定自己就是完美的"巨人"时，我们就期望对所有的一切都有掌控感，我们不愿意在我们的身份地位上让步，我们更不会容忍别人有任何和我们不一样的思想甚至行为，当我们对别人的情感只有同情没有共情，那就是关系开始恶化的前兆。因为无法共情，我们就需要大量的时间沟通、谈判甚至一方作出妥协和牺牲。当所有人际关系变成了征服和被征服时，我们注定不能从人际关系中获得快乐。也就是说，我们的所有社交都失去了意义。

我们都期待别人对我们好，是不是因为我们自认为自己就是好的，也同时希望别人对自己好。善良，一定不是一种单向的期望，幸福，来自双方的积极互动和情感支持。如果没有办法和自己和解，和别人和解，那么我们将会在自己的道路上越走越窄，直到走到死胡同为止。

为什么我们正在丧失我们的同理心？在另一本由同理心权威研究者、作家罗曼·克兹纳里奇写的《同理心：高同理心人士的六个习惯》中提到了"我们的文化不鼓励同理心"。新数据显示，在2/3的高收入国家，贫富差距已远超1980年。而加州大学的研究也显示，人越有钱越没有同理心。由此看来，最能让一个人对他人的苦难无感的事物就是财富本身。

20世纪是内观的时代。在这个时代，自助产业与治疗文化致力于推广最能了解自我与生活的方式，那就是透过观察自己的内在，专注于自己的情感、经验与渴望。罗曼也对弗洛伊德精神分析的"内在注视"心理学进行批判，并对大部分美国人（作者是美国人）会告别以往的疗愈方式——比如找朋友聊天、找心理咨询师咨询进行解疑。澳大利亚哲学家辛格写道：人们花了数十年进行精神分析，往往徒劳无功。原因是精神分析过于强调病人的潜意识，忽视了病人应该向外看。对自我的过度沉湎是问题的关键。书中作者没有全然接受辛格的这一极端观点，但却认同人们应该从追求自己的幸福中走出来。没有别人的自我不是完整的自我。你不从客观存在、社会环境中思索自我，就不可能得到更全面的自我认识。很多时候，我们不明所以，没有同理心导致的胡乱猜测加剧了对方的攻击和矛盾的深化。而解决的办法其实是以柔克刚，也就是站在对方的位置想一想。

作者也提到了甘地遇刺前的一段话："每当你感到疑惑的时候，或者被自我充斥内心的时候，你可以试着回想这辈子见过最贫苦无依的人，问自己，接下来想的事情可不可以帮助他，让他改变自己的一生。或者说，这么做可以让饥饿或精神贫瘠的数百万人获得自由吗？然后你会发现自己的疑问和自我都没有了。"

同理心会让人感到极致的喜悦和宁静。而少了同理心，我们也会少了和他人的联系，成为有缺憾的部分的自己。由于科技发展而导致的空间、时间界限模糊，我们在洪水泛滥的信息面前，因为认知的限制和对权威的信任，导致了丧失自我的思考方式，因而同理心疲惫。而过多的求助信息让我们对他人的痛苦产生了免疫，也就是看看就好，越来越冷漠了。

我们需要对自己有同理心。因为只有善待自我，才能善待他人，也就是我们需要先喜欢自己。对自己有了同理心，我们才能拥有深沉的情绪力量和自知之明，这样在和他人沟通的时候，才能彻底地抛弃自我，不带有自我利益和观点地倾听对方，设身处地地为他人着想，从而获得他人的信任，和对方达成深度共鸣，真正和谐地相处。

同理心有助于建立人际关系，赋予我们生活的意义，扩充我们的心灵视野。如何增强我们的同理心？除了正念以外，我还写了关于同理心的三大灵魂拷问：

（1）如果你没有办法爱小孩，那么小孩长大后也很难爱你。

我们总是在说为什么小孩子大了就好像巴不得远离我们，不愿意和我们亲近。回想一下，我们在孩子童年的时候有没有给他足够的爱和关怀，是否一味地要求他做功课、参加补习班而让他不能跟其他孩子玩，或者我们没有空，所以让孩子自己玩。结果是，小孩子会变得越来越独立，长大后也不愿意和我们玩。

（2）如果你没有办法感受别人的善，那么别人也不会接受你的善。

我们总是在想别人会不会要来伤害我，所以我们会加强我们的防御体系，把所有的人都假想成敌人，而我们也给别人设置了重重考验，希望别人可以通过我们的考验，成为我们最可靠的盟友，通不过考验的就是敌人。最可怕的是，你自己给自己建了一座城堡，你希望别人来看望你，但是你自己从来都把门锁着。

（3）如果你没有办法相信时间，那么你也不会被时间记住。

你觉得你没有办法和时间在一起，所以，你会用各种忙碌来麻痹你自己的灵魂，让自己在各种"计划"中失去和时间独处的资格。改变它最好的方式就是慢下来，倾听内心，做一点自己真正想做的事情，让自己焦躁不安的灵魂得到安放，情感得到释放。当我们感受到了时间的流逝，也就表明我们曾经拥有过那些时间。

爱，感受和相信自己以外的人和事物，是我对同理心的理解。

25

利用好稀缺心理：让你逃离贫穷

人好像永远在忙碌而缺钱。为什么忙碌？因为忙碌可以赚钱。人为什么缺钱？因为单位时间不如别人值钱。如何才能更值钱？你需要知道经济学的稀缺性。如何逃离贫穷？你需要知道稀缺心理。

稀缺性是指现实中人们在某段时间内所拥有的资源数量不能满足人们的欲望时的一种状态。也就是你拥有的少于你想要的，反映出人的无限欲望和有限资源的矛盾。我们在前面的章节讲了人的贪婪和好奇心，而这种想要得到的资源数量不够就是稀缺性。稀缺规律是指"大部分人所需要的东西只能得到有限的供应"的原理。商品一般是稀缺的，必须通过价格或者其他形式进行某种程度的配给。而这种价格的调整主要是对稀少的资源进行资本的倾斜。也就是越稀缺的东西价格越高，我们说的"物以稀为贵"就是这个道理。

稀缺会导致马太效应。"马太效应"是社会科学中的一个概念，源自《圣经》中的"马太福音"。这则寓言的意思就是多的越多，少的越少,指的是两极分化,而且分化会变得越发明显。也就是富的人会变得越来越富有,穷的人会变得越来越贫困。现实生活中我们可以看到大量好的资源都会给到少数人,而大部分人需要去抢夺剩下的小部分,也就是我们说的社会不公。社会公平需要每个人的所得都相等,但这只能是我们的希望,并且需要相关的调控。自发的市场永远追逐稀缺,所以资源不会平均分配。

哈佛大学经济学教授和普林斯顿大学心理学教授埃尔德·沙菲尔所著的《稀缺:我们是如何陷入贫穷与忙碌的》阐明了一个道理:穷困之人会永远缺钱,而忙碌之人会永远缺时间。书中写道,当我们想到所拥有的东西变少,就会让我们把注意力集中在自己的稀缺上。饥饿的人需要食物,忙碌的人需要时间,没钱的人需要钱。而这种稀缺会让我们感到不悦,甚至改变我们的思维方式。

互联网时代,打工人没有时间也很缺钱。"打工人打工魂,打工都是人上人"这句话听起来特别励志,但却反映了打工人的无奈,只能自嘲的窘境。当前社会大部分人上班耗费的时间可能都超过了自己预估的时间。我们特别希望通过努力工作改变自己的命运,到头来却发现我们特别努力,依旧没有我们的老板赚得多。而且,老板们看上去比我们轻松多了,有自己的生活和消遣的时间,或者可以自己掌控自己的生活节奏。

打工人工作的时间是在思考工作,工作以外的时间思考如何不丢工作。久而久之,对于工作本身越发熟练,但却缺乏更进一步的可能。而打工人和老板的区别就在于前者靠时间致富,后者靠致富赢得时间。很多时候，打工人下班之后基本上都是刷视频、睡觉、吃喝玩乐，根本没有时间再学习，所以打工人在到达瓶颈期之后就很难突破，于是无奈地继续过着忙碌而又不怎么赚钱的生活。

这个世界上最稀缺的是什么？不是钱，不是爱，尽管这两项我们都很需要；也不是空气，不是水；更不是我们作为人的个体，因为我们在之前说过，强者和弱者没有绝对的鸿沟，在一定条件下都可以相对转换。既然如此，那是什么呢？是什么导致我们和我们期待的生活越来越远，是什么导致我们又贫穷又不幸福？是因为我们没了时间，而时间是最稀缺的资源。给你一个选择，如果你今年只有一个小时的空余，你是愿意花一个小时见不喜欢的老板谈加工资来保证你接下来的全年都过上比现在富有的生活，还是去见一个可能以后都不太能见到的朋友，吃一顿饭、聊无意义的天？

这就回答了上面的关于稀缺的问题。你会发现穷人缺钱，忙碌之人缺时间。什么是最不幸福的人？就是我们上面提到的既没有钱还被剥夺时间的打工人。也不能说所有打工人都不幸福，还是有很大一部分打工人知道自己为什么打工和打工以外的时间做什么。

富人实际上就是通过钱去换取穷人的时间，所以你会发现很多时候富人其实并没有比穷人活得更轻松，因为绝大多数富人一天24小时都在想着怎么赚钱。为什么会出现这样的奇怪现象？是因为人的欲望是无穷无尽的，你永远都不知道自己什么时候才是真正满足的时候。所以很大程度上来说，穷人不一定比富人更不幸福。

内心的富饶才是真正的富裕，如果你有很强大的心理资本和精神财富,你就会平衡时间和金钱的关系,当你可以平衡两者时,你才会得到真正而持久的幸福。下面我来说一下如何利用稀缺理论,让自己一边赚钱也一边幸福(这个题目真的很难,但我还是想要认真地写一下)。

赚钱有两点:第一,你有别人没有、别人又很想有的东西。第二,你把所有的时间都投入在了你本身的资源上创造出了更多的收益。结合这两种思维,提出以下四种让自己利用好稀缺心态摆脱穷人思维的方法。

(1)专注自己的特长,发挥自己的优势。

每个人都有自己的天赋,我们需要根据自己的天赋去选择做让我们更容易成功也可以坚持更久的事情,而不是大家都做的事情。大家趋之若鹜的事情一定会存在竞争,若你没有那方面的能力,你必然会花费更多的时间收到更少的效果。

(2)主动创造机遇,把握每次机会。

作为人,我们需要去思考如何让我们的价值有更多展现的可能,而不是每天等着天上掉馅饼。我们需要拓宽自己的交际圈,珍惜所有可能发挥自己能量的场合或者事件。不追求短期利益,用长线思维做适度的牺牲,坚持到最后一刻,不随便说放弃。

(3)不浪费时间在无意义的事情上,提高做事的效率。

效率说的是我们可不可以安排好我们的时间。我们需要保持良好的心态,避免因为担心稀缺而变笨和变冲动。我们需要制订好计划并留有空间,利用我们之前说过的番茄工作法让自己的脑力可以在单位时间发挥最大的效用，消灭拖延症。

（4）降低欲望，提高生活幸福感。

这一点我觉得最重要。我们需要更幸福的生活，而不是因为生活而不幸福。无论是饥饿、贫困，还是没有时间。我们都不应该把所有的注意力都放在这上面，因为很多时候我们并不会饿死、穷死、忙死，我们只是因为贪婪和比较，觉得自己好像没有得到我们应该有的东西。生活的快乐永远不是只有一个标准，我们也没有必要把别人的生活标准放在自己身上。认真生活，享受生活，我们会发现很多事情并没有我们想象中那么绝望。

获得幸福，需要你有良好的心理时间观。

第一，尊重过去，珍惜现在，直面未来。

适度水平的将来与当下享乐主义，加上积极的过去时间观念，就是我们所倡导的最理想的时间观组合模式。[21] 如果你能够根据不同的事宜来灵活地转换时间观，你就能最大限度地利用时间。很多人就是放不下过去，也没有珍惜现在，而把愿望寄托在看似遥遥无期实际越来越近的未来。

痛苦是对过去的悔恨，幸福是对过去的感恩。绝望是现在的无作为，希望是现在的有作为。恐惧是对未来的消极，勇敢是对未来的积极。我们只有用感恩、希望和勇敢替换掉我们心中的悔恨、绝望和消极思想，我们才可以真正和时间共存。

第二，关心自己的事情，也关心别人的事情。

时间的黄金准则——你希望别人如何去使用时间，你就要求自己如何去使用时间。当我们只考虑自己的时候，我们不可能让自己真正幸福。我们和别人都在同一时空里，我们的时间会影响别人的时间，我们无法让别人幸福，我们也不可能让自己幸福。

爱是相互的，金钱也是一个利益交换的过程。如果我们没有办法在我们的时间范围内让别人的时间发挥最大效用，我们一定不可能获得时间的最大功效。在这里，建议大家回顾一下我之前写的同理心，说的就是如何通过让别人幸福来让自己感受幸福。

我们总是希望别人给我们爱，别人为我们付出，我们期待别人的认同和理解，可是我们有没有想过，如果我们没有办法真正地感同身受，我们就没有办法让自己和周围的事物融合在一起。当一切无论是财富还是其他都只是指向我们自己时，我们一定不可能得到长久的幸福。

稀缺是贫穷的本质，但也是快乐的源泉。我们是想孤独终老，还是想让自己被爱包围，是赞同用时间换取富有，还是希望内心富足地和时间一起走到生命尽头，答案不言而喻。生活，其实一点都不复杂。

26

相由心生

颜值有时即正义,现实中的我们很多都是颜控。为什么大家喜欢明星?其实和他们给我们的印象有关。

"首因效应"讲的是第一印象,我们经常会听到一句话叫作"始于颜值,终于才华"。第一印象是人的外在表现,远比内在容易让人发现。美国总统林肯也曾因为外表的偏见拒绝了朋友的人才推荐。他说:"一个人过了四十岁,就应该为自己的长相负责。"

"一眼定生死"不一定指的是爱情,还有可能是职场或者其他场合。人是视觉动物,对图像的捕捉也异常敏感。现代社会一些人也特别痴迷于看脸或者看相术。普林斯顿大学心理系教授亚历山大·托多罗夫(Alexander Todorov)对颜值即正义整件事特别反对,并在其所著的《别相信他的脸》一书中深刻剖析了五官和智慧、品德、能力没有过多联系,"不同的人、不同的社会群体,甚至是处于不同生活阶段的同一批人,都可能对典型脸有不同理解,相应地,也会决定他们对新面孔的印象。"而我们由于过往生活经历、个人偏好，更倾向于喜欢与我们的父母、我们的朋友或者其他熟人相似的面相。

在群体决策中，有着偏女性五官特质的柔和的脸，因为没有过多的侵略性，会容易给人带来好感和信任度。如果我们的五官不符合大众的审美也不要沮丧，至少我们可以通过情绪情感和精神面貌给对方一个好的印象。托多罗夫强调好好生活——社会经济地位高，通常伴随较好的教育、营养，较高的收入和较好的卫生保健，不沮丧，婚姻美满——让你看起来更年轻。所以照顾好你的身体和大脑，健康饮食，锻炼，不抽烟，减少不必要的担忧。你不但会感觉更好，还会看起来更好。

也就是说长相其实并不能代表印象。很多人走路带风，目光如炬，这都是除了基因以外的东西。如何让自己得到别人真正的喜欢，一定少不了精神层面的东西。江曾培曾说过："要包装自己，使自己有一个好的形象，是不能缺少文化的滋润的。"

读书的人多自信，与人交往时多不卑不亢，成熟坚定，给别人良好的印象。好书读多了，明白的道理多了，有了更多先哲灵魂的滋养，自然从里到外都散发出一种气质，而这种气质就来源于文化。

为什么我们会因为一个人的涵养影响我们对他的判断？因为"晕轮效应"。"晕轮效应"又称"成见效应""光圈效应"等，指人们在交往过程中，我们会着重看对方的某个特别突出的特点、导致我们失去对对方的其他品质和特点的正确了解。人类是文明发展的结果，我们喜欢有文化内涵的人。在人们的心目中，读书人是有智慧而有涵养的，所以我们对读书人会有特别的偏爱，也希望自己可以成为"文化人"。

现代社会的生存法则叫人脉。人脉的本质即价值交换。价值，可能是你的资金、潜力、能力、视野、态度、性格甚至是外表。成功人士大多见多识广，能力超群。如何让成功人士关注到你？你需要多读书，因为读书可以给你带来视野和态度。只有你自己浑身上下充满智慧的光芒，你才能吸引到你想吸引的人，形成自己的理想圈子。

读书不会改变你的五官、你的面部特征，但是你给人的感觉会发生改变。因为你的心变了，所以你的外在气质也会发生改变。一个人有气质，一定不是说他的五官多么精致漂亮，而是因为他的外在行为让我们觉得舒服自然，他的言语让我们觉得高级，有文化。这就是一个人的认知或者他的意识改变了他的行为，间接影响他在别人心目中的形象。

"圈子不同，不必强融。"前面我们提到过"伪名媛"抱团取暖，想通过走捷径的方式实现阶级的跨越。在这里我们需要写一下当前存在的"名媛"认识误区。"名媛"一定不是指长得像"名媛"，"名媛"多是由于家庭背景和成长经历形成的一股由内到外的气质。

"名媛"风可以是贵气和灵气的组合，但是想成为真正的名媛很有可能需要一定的时间积累和自身的修为。我们没有必要把自己打造成某种刻板的形象，也没有必要为了虚荣心把自己变成另外一种虚假的人设。你可以通过名牌服饰和妆容让自己的外形和"名媛"靠拢，但是你是什么样的人，你属于哪个"圈子"，别人一眼就可以看出来。

所以，不要自欺欺人，所谓"圈子不同，不必强融"。

前面在应对恐惧心理那一节提到过"容貌焦虑"。每个人都希望自己长得更美。由于广告和明星效应，越来越多的人成为美丽的追随者。当前，流行审美更像是一种产品，比如 BM 风（小众品牌 Brandy Melville 衍生出来的一种穿搭风格）强调的是小码的衣服，而娱乐圈广为推崇的"高级脸"更是把颜值即正义的思维模式推向了顶峰。明星有多好看，普通人就有多不自信。明星有多光鲜，路人就有多普通。

当审美成为价值的体现，容貌就成了一种价值误区。女性对自己的五官、身材的不自信甚至变成了一种"焦虑"。而这种焦虑其实是大众引导造成的，也是焦虑者本身的自我意识的缺乏。我们为什么不自信，是因为我们没有文化的积淀。如果我们能意识到通过修炼自身的文化内涵可以改变我们的容貌，通过加强我们的道德修为可以改变我们的气场，我们就不会因为天生的外在的不够完美而自卑。

如何正确认识外表的作用，让自己更有气质和内涵？以下是让你"变好看"的两个小建议：

（1）勤跑步，多读书。

跑步的作用在自律那一节写过，跑步是一个可以让大脑清醒，也可以让身体健康的最方便的运动。我们可以去公园跑，去公路跑，去健身房跑，去学校操场跑。你可以一个人跑，和朋友跑，也参加跑团。无论通过哪种方式，你总能发现跑步的乐趣。跑步是一项最方便廉价又有幸福感的运动，让我们跑起来！

读书也是一种最容易陶冶身心和享受时间的方式。我们通过读书，可以与智者面对面交流，也可以打开我们的视野，感受别人的时间空间。读书最大的作用不在于我们可以学到多少知识，而在于我们在读书和思考的过程中，能留住自己的时间，感受到别人的智慧和爱。

（2）自信的人最美丽，气场也是一种能量。

自信是一种积极的自我暗示，可以让自己给别人留下良好的印象。我们说的正能量，其实就是一种积极向上的能量。吸引力法则说的其实就是人与人之间有个能量场，当我们被积极的情绪和正面的能量包围时，我们一定可以吸引到很多和我们一样的积极向上的人，从而让我们的生活被幸福包围。

美丽来自内心，当我们的精神足够富足，气场足够强大时，我们对周围的一切都将充满爱，我们一定在别人眼里也熠熠闪光般存在。

27

运气和墨菲定律

我们最不喜欢的人叫墨菲,因为墨菲有一张乌鸦嘴。墨菲定律说的是,越担心的事情越容易发生,也就是人永远都有坏运气。事实上,我们真的需要如此悲观吗?墨菲定律给我们的指导意义除了认命就没有别的吗?墨菲定律专家布洛赫在其所著的《墨菲定律》中写到了墨菲定律的出处:1949年,一位名叫爱德华·墨菲的空军上尉工程师对他出错的同事开了句"世纪玩笑":只要有办法出错,他就会出错。

当前我们对墨菲定律的认知是:事情如果有变坏的可能性,无论这种可能性有多小,它到最后一定会发生。

墨菲定律是西方俚语,中国文化里也有类似描述,叫"喝凉水都塞牙缝。"

墨菲定律其实是一个特别科学的定律,因为它强调了事物的全面和人类认知的片面,事物的运动变化才是唯一不变的真理。换句话来说就是：完美不存在，我们总是有认知的偏差。我们来看一下墨菲专家——《墨菲定律》一书作者布洛赫对墨菲定律的认知：

- 任何事都没有表面看起来那么简单；
- 所有的事都会比你预计的时间长；
- 会出错的事总会出错；
- 如果一个流程发现了四个破绽，那么第五个马上就会出现；
- 放任不管只会让事情越来越糟；
- 当你要做一件事时，必须先做其他事；
- 解决方案都会带来新的问题；
- 事情不可能过于简单；
- 大自然很难对付。

我对墨菲定律的认知简化为：

（1）任何事都没有表面看起来那么简单——事物的复杂性。

这里我们需要指出墨菲定律不是叫人悲观。墨菲定律说的是事物的复杂以及做事者当下需要有一颗平常心和谨慎心。我们可以充满希望，但还是要做好失败的打算；我们可以相信自己，但还是不能盲目自大；我们需要及时行动，但我们还是需要做好万全的准备。

（2）所有的事都会比你预计的时间长——人有惰性和情绪。

我们的惰性决定了我们会下意识地把事情拖到最后，导致在截止日期之前我们的效率会达到顶峰。因此，尽管我们有完美的计划，但是我们还是不会按照自己的计划平均完成每天的任务，而且，我们会在任务完成过程中出现其他未知的情况。因此，所有的事都会比我们计划的时间长。

（3）所有的事情都没办法解决——计划永远赶不上变化。

我们做的每件事都有做错的可能性。我们的专注力决定了我们没有办法看清事物所有的面，顾及所有可能产生的潜在风险。当我们的冲动或者其他非理性思维占据了上风，我们可能会做出一些我们没有预料到的事情。而失误和意外正是来源于我们不受理性控制的那一刻。所以我们需要放平心态，让自己可以正常发挥而不是超常发挥。

有"乌鸦嘴"就会有"喜鹊鸣"。心理学中有一个定律就是"越想得到好的结果就会有好的结果"，它就是麦克斯韦尔定律。麦克斯韦尔定律告诉大家：我们有能力把一件事情做得比预期中的更令人满意，没有解决不了的困难。把墨菲定律全部从积极的角度思考，有未知的失误就会有未知的奇迹。如果我们放平心态顺其自然，我们自然就会得到意外的喜悦。事物总会有两面性，可以变坏，也可以变好。我们只要一直相信运气会变好，就会有变好的可能。

巧合的是，有另外一位名叫墨菲的人专门研究潜意识的作用。潜意识心理学家约瑟夫·墨菲博士在《潜意识的力量》中写道："人生的完美性正通过我的身体体现，我的潜意识充满了积极向上的情绪。上苍会一直庇佑我。我的潜意识将遵照内在我的愿望，使我拥有健康的体魄。"

我们日常生活中也有一些不治之症意外痊愈的情况。重症患者因为被宣告时日不多，进而随心所欲和大自然做最后的亲密接触，重拾自己曾经错过而热爱的东西。而原本在"计划"中的死亡却迟迟未出现，甚至重症患者到最后身体自行康复，肿瘤细胞全部消失。这种放开一切无惧死亡的态度也成了潜意识影响健康的最主要原因。当我们相信自己是健康快乐时，我们的身体也会感受到潜意识的能量，我们预计中的没有希望也出现了希望。

很多时候，我们都是被别人的意识带着走的。也就是，我们的生活一直掌控在别人的手里，我们从小到大，我们的父母、老师甚至周围的朋友、领导，都会给我们不断地诉说既定的轨迹和程序。我们原有深埋在心底的潜意识也被破坏，于是我们没有了行动的动力，只能靠别人拉着向前进。消极生活的后果是，我们越来越被动也越来越力不从心。我们不断盯着那些可能会出现的风险和安全隐患，直到它成了现实。我们不断地提醒自己，我们一定不会成功，我们一定不会比别人优秀，我们一定不能打破僵局。而结果就是，我们不去努力，不敢努力，到最后都没有发挥出自己的天赋和才华，最终走向别人期待的失败的样子，但却是我们不想看到的样子。可以说墨菲定律是产生坏运气的理论依据。

2018年，杨超越以"啥也不会只会哭"成为年度最火的女艺人，唱歌、综艺、演戏、代言样样不落，杨超越从"村里的希望"一路开挂成为"所有人的希望"。

很多人说杨超越业务水平不够，不应该成为娱乐圈、时尚圈的宠儿。我们来看一下，一个没有握好"出生牌"的农民的孩子是如何成为无数少男少女心中的励志偶像的。她只有运气吗？杨超越从小生活就不富裕，早早地出去打工，尝遍人间疾苦，偶然机会步入娱乐圈，以真性情俘获了一大批粉丝。杨超越在综艺《心动的信号》中表示："我不想谈恋爱，只想挣钱。"这句话也成了当时广大女性的励志格言。杨超越没有经纪公司，没有专业技能，只有快言快语和一股不服输的闯劲，她真实而又可爱的模样成了广大网民心目中自家闺女的样子。由于娱乐圈往往需要背后资源，没有任何人脉资本的超越妹妹却奇迹般走红，其超幸运的体质被大家称为"人间锦鲤"。

有锦鲤，就有锦鲤反转。据美国媒体报道，公园大道1021号的看门人里奇·兰达佐（RichieRandazzo）在2008年赢得了500万美元巨奖后，迁居新泽西州亚特兰大，买了一座豪华别墅，和性感模特萨宾娜—约翰逊（Sabina Johansson）生活在一起，受邀参与《华盛顿邮报》拍杂志写真照。但里奇·兰达佐在奢侈的生活中逐渐迷失，他因为"推动卖罪"受到检方指控，也在赌博时出老千，还被当场抓个现行。而有抽雪茄习惯的他很快被诊断出患有肺癌。六年后，里奇·兰达佐病逝[22]。

如何理智地面对运气和防止坏运气，以下是四条建议。

（1）做事具备风险意识，理性接受失败结果。既然一切事情都有风险，那么我们何不放手一搏。在准备充分的同时做好一切可能的结果的准备。我们不一定会成功，但是当我们正视失败的时候就是另一种层面上的成功。如果可以有承担失败的勇气，一定会有获得成功的能力。

（2）保持良好的心态，不过分追求完美。大自然的力量无穷无尽，人类的探索永远有限。我们总是有自己的认知黑洞和情感软肋，所以我们没有办法把一件事情做到最好，只能更好。所以放宽心，一切都是最美的结局。如果我们没有过多的欲望，就会懂得所有的得到都是上天给我们的礼物。

（3）保持乐观的心态，相信自己可以成功。如果我们坚持认为自己一定会出错，一定会失败，那么我们就会陷入做事容易出错和生活永远都是负能量的恶性循环。积极心理学强调的是人需要永远充满希望地活着，乐观是一种态度，也是一种解决一切痛苦的良药。

（4）珍惜拥有的东西，用感恩的心态生活。欲望是个无底洞，但是人的智慧和灵性永远可以超越欲望的力量。如果我们把视线从追求未知到核算已有，我们将会活在满足和踏实里。感恩，永远是幸福最快捷的方式。

布洛赫在《墨菲定律》的前言中的最后一句话是：未来是一个

巨大的、在很大程度上无法想象的、有可能出错的事物所组成的新世界。而我的理解是，这个世界总是充满意外，包括意外的惊喜。

说到惊喜，我最近发现好运气确实来自认真生活和真诚对人。如果没有生活的热情，我们看所有的事物都是没有希望以及丑恶的。但如果有对别人的尊重和对生活的期盼，一切困难都不再是困难。别人也会因为受到你的正能量磁场的影响，和你一样充满幸福和希望。你是什么样的人，你就会遇见什么样的人。这句话不是运气，这句话是客观规律。

28
内向型人格

内向者和外向者的比例没有一个统一的答案，但可以肯定的是，内向者也是一个庞大的群体。最杰出的内向者代表我们之前提过，那个人叫马斯克。而作为内向者的杰出代表，马斯克无疑是疯狂的、执着的，外表的平静和内心的波澜不成比例，而爱看书的马斯克童年的伤疤在被书籍疗愈后，长大成人的愿望是改变世界。马斯克也因为看了《银河系漫游指南》受到启迪，从此在世人的不解中一次又一次地开始了对火星的探索，直到成功为止。

2002 年，马斯克把自己在 PayPal 赚的 1.8 亿美元都投入了 Telsa 和 SpaceX，但直到 2008 年 Tesla 都还没有成熟产品，而 SpaceX 也已经经历了 3 次发射失败，公司眼看要破产。在最艰难的时刻，他疯狂变卖家产，房子、车子、私人飞机全卖了，即便剩下最后一分钱也要为梦想窒息。2008 年，SpaceX 再次发射火箭，背水一战。万众瞩目下，这一次火箭居然成功升了空，SpaceX 也成了世界上第一家能够发射火箭入轨的私人企业。因为这次发射成功，SpaceX 拿到了 NASA 提供的 15 亿美元的合同，正式开启了商业航天之路。

马斯克对自身愿望的极端忠诚表现在对物质的无所谓。除了上面的砸锅卖铁、倾家荡产，还有下面这个大富大贵时的从零开始。之前，给第 6 个孩子起"火星文"名字的马斯克在推特上发言称自己会告别财富，啥也没有。他在答网友对这句话的疑问时回答道：星球不需要现金，你的财产会压垮你。（Don't need the cash. Devoting myself to Mars and Earth. Possession just weigh you down.）

我们现在都知道人有外向和内向之分，但你知道吗？内外向人格也是由内向性格的个体心理学创始人、心理学家荣格提出的。荣格在 1921 年发表的《心理类型学》将人分为两种类型：外倾型和内倾型。外倾型指的是倾向于对外部世界的客体做出反馈，而内倾型只在人的内部世界沉思。

外倾型也就是我们说的外向性格。外倾型的人往往需要从外界环境获取能量，并采用纠错的工作方式累积经验。外倾型的人因为对外部世界的敏感，也容易被新奇事物所吸引，往往在人群中表现得活跃积极，也善于言谈。内倾型则相反，内倾型的人往往是从自身获取能量，善于自省，而行动方向也会从自己的理解而非从经验出发，工作方式为稳定的方式，也不喜欢变化的环境和喧嚣的人群，善独处。内倾型也就是我们说的内向型。内向者为什么爱思考？因为内向者的生理结构决定了他们更爱思考。现代科学也从生理学上证明了内向者和外向者的生理差异。

内向的西尔维娅·洛肯博士在其所著的《内向心理学：如何安静地发挥想象力》中阐明，在生理上内向者与外向者的差异主要是不同的植物神经系统所致。交感神经的活动对外向者控制较多，副交感神经的活动则对内向者控制较多。此外，外向者显然比内向者更依赖外来的刺激，因为他们的体内无法提供同样强度的刺激。因此，外界的安静以及与外界隔绝对外向者而言是种挑战。

因此，你会看到内向者经常对高难度的科学知识或者社会运行规律感兴趣，而很多科学家或者哲学家也都是内向者。而很多需要带动气氛或者需要很高沟通技巧的工作都是由外向人占据，比如歌手、教师和销售。甚至一些领袖或者社会活动家也是外向者，因为他们需要主动地和周围人群保持良好的联系和互动。

另外一位个性权威专家也给予了内向者更多的理解。美国心理学博士、内向个性研究专家马蒂·奥尔森·兰妮在《内向者优势》一书中指出：爱冒险的人体内的 D4DR 基因比较长，D4DR 基因也被称为"冒险者基因"。而内向者这组基因相对来说比较短，所以他们会对外界事物表现得更加小心，所以行为举止较外向者更为内敛和拘谨。

内向者对多巴胺也非常敏感，所以社交场合的喧嚣和嘈杂会让内向者感觉极为不适。外向者则不然，因为对多巴胺不太敏感，所以他们需要更多的刺激，而多巴胺阈值会在这一刺激中升高，于是下一次就需要更大的刺激才能让外向者感到同样快乐。于是外向者会让自己在社交中认识更多有趣的人，用更多的新奇体验让自己感受到舒适。

内向者不会有被多巴胺阈值控制的问题，所以不容易被外界所诱感，而内心往往更加坚定，也更容易做成自己想做的事情。而我们在专注力那一章讲了专注力可以让人们可以更好地工作。很多优秀的内向者成了成功人士，比如我们前面提到的马斯克。除了科技界的马斯克，还有一位非常出名的作家也是内向者，他叫村上春树。村上春树很喜欢跑步，因为他认为人必须有独处的时间，而他把这个时间留给了跑步。因为跑步的时候他不需要和别人说话，也不需要听别人说话，只需要看周围的花花草草即可。村上春树也把自己跑步的经历写成了《当我谈跑步时我谈些什么》。

尽管内向者在人群中可能会不适应，但内向者都很向往别人的关注和理解。如何让内向者更好地适应在人群中生活，以下是几个建议。

（1）多把注意力集中在和朋友相处的欢乐时光，防止社交恐惧。内向者容易产生内耗，所以交朋友会让内向者心生恐惧。内向者由于没有办法自然地交流导致每次和别人沟通都会想东想西，所以他们面对朋友或者陌生人会有天生的恐惧和不自信。这种情况下，我们建议内向者多把注意力集中在以往和朋友交往的成功经历上，这样就有更多的动力进行下一次和别人的互动。

（2）利用网络社区和朋友、家人互动，并且积极结交新朋友。《内向者优势》里作者也提到了相关方法。网络社交成了人们交流的新的方式，而网络自媒体更给人们提供了资讯和互动的机会。我们可以通过网络社交媒体交朋友，也可以通过网络自媒体平台和别人进行知识的分享和互动。网络社区基本上都不是实名制，所以内向的人不用害怕表达自己的观点。网络社区也没有时间空间的限制，内向的人还可以对语句进行反复的斟酌。所以内向者可以借着网络社区更好地表达自己，和周围人群无论是认识的还是陌生的进行情感交流，增进友谊。

（3）内向者要学会多主动关心别人，防止过度专注自己而忽略别人。内向者在社交过程中容易犯的错误叫只顾自己的感受，不顾别人的看法。由于长期处在自己的世界里，内向者对自己看得很清楚，但缺乏对周围人的认识。所以，内向者需要在和别人的交往互动中少自我表达，多询问对方的感受。这样，内向者才不至于和对方的联系相隔离，产生两个人讲话像是两个人都在同时和自己讲话的效果。

我们最不重视的那群人其实是最喜欢我们的那群人。因为在他们眼中，我们是神奇而又光芒四射的。

29

说话的能力和同理心

以下场景是不是很熟悉:

A:你的想法是……

B:你认为呢?

A:你的想法是……

B:你误会了。

A:你的想法是……

B:你认为呢?

或者:

C:我的想法其实是……

D:你不能只说你的想法。

C:那你的想法是……

D:我想纠正你的想法。

C：我的想法其实是……

D：你不能只说你的想法。

于是陷入了不停提问和回答，或者阐述和质疑，却永远没有答案的死循环。

为什么不能好好说话，一定要猜来猜去呢？我猜你你猜我不是在浪费时间吗？

现代有些人好像没有办法表达自己的逻辑和说出自己的想法，只是用以前论文写作的方式拼了命去找自己同意的观点来表达同意，类似于社交网络上的点赞和反驳。我在想，万一没有好的观点或者你认同的观点，你怎么表达自己的观点？说到底，互联网文化下的我们正在逐渐缺乏表达力，这不是沟通，不是谈判，不是辩论，不是说段子，只是很普通的说话，作为一个正常人说话。

你会说话吗？想吃饭你就说饿，想休息你就说我累了，想交朋友就说我好喜欢你，可不可以一起玩。这很难么？需要我们专门开一个班去教么？如果我们过于注重形式和用词而忽视内容和情感本身，我们一定会说的越来越多，而被人听懂的话越来越少。甚至是，我们讲话别人听不懂，别人讲话我们也不想听，因为全是客套话。客套话上网看段子花钱买脱口秀门票就好了，谁真的愿意自己的朋友平时讲话总是和电影里面一样呢？我们也很喜欢看言情小说偶像剧，但谁愿意生活中恋爱对方时不时失踪、自杀或失忆呢？

过于艺术的生活往往就不是生活，脱离现实语境和生活本质的对话一定是失败的对话。信息大爆炸时代，我们每天都要被成千上万个来自不同媒介的信息冲击，而这个冲击是被动的。我们被轰炸久了，失去了对信息的反应。也就是我们活着活着就变成了"键盘侠"或者"微笑侠"，前者总是批判，后者永远保持不说话的微笑。

"全球一体化"下人人仿佛都没有隐私，我们一不留神就会被"人肉搜索"或者"社会性死亡"。这种情况下，我们谨言慎行，生怕被人抓住把柄。所谓"祸从口出"，不要说内心的秘密，普通的讲话我们可能都会斟酌好久，生怕自己讲不出别人喜欢的模式。

网络世界里的我们披着匿名的盔甲嬉笑怒骂，现实生活中的我们由于被压榨了业余时间变得不太爱说话，原因是说话耗费精力，浪费时间。我们的时间很宝贵，我们一定要把话说得有内容有内涵有用，所以我们日常说话都有一定的格式和要求，比如谈判、沟通和辩论。就算是没有什么意义的内容，我们都要正儿八经地把它变成一个议论文来描述，否则显示不出我们说话的价值。于是说话的方式也变成制造矛盾到解决矛盾而不是我们共同分享一件事情。很多人由于缺乏对生活的真实感受，和别人聊天的方式也是以内容为主，而不是以交流情感为主，对话的内容多是某个资讯平台上看过的爆炸性新闻。于是，大家调侃一番然后结束，顺便说一下日常的衣食游购娱。当资讯时代内容为王，我们的一切对话必须有目的有结果时，我们就失去了一切纯粹情感和灵魂的交流。而这种纯粹情感和灵魂的交流是最令人愉悦的，也是最让我们有幸福感的。

在这里回顾一下本书前面的内容，我们之前在"孤独"那一节提到，人们之所以喜欢和朋友在一起，是因为与朋友在一起的时候能促进身心健康，也就是说我们其实有情感的需求。而我们在"情绪饥饿"那一节讲到失去情感的生活会很空虚，比挨饿还难受，感情匮乏的我们需要不停地满足我们自己的吃欲、购物欲或者其他物质欲望，但是精神层次的需求不能用物质来代替。而我们的幸福也来自和别人的良性互动交流，这种互动交流其实就是一种"共情式"的聊天。

什么是"共情式"的聊天？就是我们可以互相置换感情，进入别人的精神世界。当我们没有了共情力，我们怎么会说出让别人感动的话，别人又怎么会说出让我们感到温暖的话？当我们只重视自己的生活情节，自言自语似的聊天时，我们一定没有办法和别人保持在同频，因为两个人的精神世界都是独立的。而我们包装过后的句子一定不是我们心底的真实表达，没有了真情实感，一定不能和对方有心灵的连接。

为什么现在的通信工具越来越多，交流方式越来越便捷（我们可以不停地发信息、收信息、看资讯、获取资讯），我们的表达能力却一直都在往下降？别说文字了，就是说话都没有办法按照我们老祖宗给我们留下的方法，完完整整、自然地讲一段话。"同理心"那节我们提到人们逐渐消失的同理心。谈话与同理心息息相关，同理心权威研究者罗曼·克兹纳里奇在《同理心：高同理心人士的六个习惯》（以下简称《同理心》）中写了高同理心的人在谈话时展现出6个不凡特质：对陌生人充满好奇、积极倾听、卸下面具、关心他人、怀抱创意精神，以及保持大胆无惧。

也就是说，当我们认为谈话需要共情和共鸣时，我们就不会把谈话当成一个任务，一个需要练习和技巧的事情去做。我们会真正想和对方进行思想的碰撞，通过感受对方的情绪情感让两人的关系如同拥抱时那样亲密。当我们有同理心时，我们就会对对方产生兴趣，我们也愿意不说话听对方说话，愿意把最真实的一面留给对面的人，关心对方，并且提出创新性的建议或者想法，也不怕得罪对方。

现代社会其实不缺同理心，但此时的同理心很多是在商业外壳包裹下的变了质的同理心。商业社会人们通过运用共情手法刺激消费行为，运用叙事手法扩大影响力。《同理心》一书尖锐地指出具有高度同理心的公司不多。企业只想靠同理心赚钱。这时的"同理心"其实不过就是"营销"方式罢了。而在"同理心营销"商业模式影响下的我们也开始在有限的业余时间控制别人满足自己的私欲，而不是真正为对方好。因此，我们只能通过技巧或者套路来和对方沟通，而不是共情式的讲话。因为只有技巧和套路才可以掩盖我们情感的匮乏和无法灵性交流的尴尬。

躲猫猫似的说话，剧本杀似的生活，过家家似的人生。我们好像对自己、对别人从来就没有认真过，也没有走心过。一直都是猜来猜去，猜到最后，都忘了自己说话的目的是什么，而时间也浪费掉了。其实最痛苦的不是和我们对话的另一方，而是我们自己。所以，我们还是需要提高自己讲话的能力，共情对话的能力。以下是几个建议：

（1）说话时多问对方的需求和多以"你"开头，避免讲到最后变成个人演讲。

我们讲话经常会说"我想怎样","我觉得怎样"。这个都是自我情感的抒发,跟别人不会产生联系。所以我们需要多用"你"来代替"我",这样我们就会避免陷入自己的情感思维模式,而忽视了对方的需求。

（2）说话时少一点逻辑思考、理性分析,多一点脑洞大开的直觉判断,避免书面式口语。

说话就是说话,文字就是文字。我们如果在讲话的时候都不能运用口语化的表达,而是把书面语言变成讲话内容,那一定不会有口语的亲切感和聊天的轻松感。我们需要把自己放回到生活场景,让说话变得简单而又真诚。

（3）说话时少一点打断和评论,多让对方自己完成长段的语言描述,让对方更有倾诉欲。

我们喜欢在网上评论,甚至我们日常的说话也变成了网上留言般的表达。网上我们看不惯的资讯可以马上留言,生活中不符合我们兴趣的谈话我们也不想多听。所以,我们需要去让对方完整地表达自己的情感,并表示鼓励和支持,这是对对方的尊重,也就是对话的基本原则。

（4）说话时多用一些积极的表情或者亲密的举止,比如拍肩膀和拥抱,让两人关系更紧密。

我们有时候会找不到合适的语言,所以需要借助眼神、手势甚至一些行为表达我们对对方的亲近感。而这种互动会让双方的聊天更加轻松,也更加愉快,甚至可以延长两个人讲话的时间。

说话是人类的一种基本能力，也是我们表达感情最基本的方式。什么是基本？就是用最简单的方式来表达。你是怎样吃饭睡觉的，你就怎样说话。说话并不难，难的是如何做一个想说话的人。而没有同理心的讲话也间接反映出了你是一个不会共情的人。

30

良心的三要素

什么是良心？你在良心和其他功名利禄中如何取舍？这是我们每个人需要深思的问题。个人理想的实现是不是需要违背自己的良心作为成本？为什么我们有犯罪心理学，没有良心心理学？为什么我们会有关于各种病态心理的精神分析？

良心，即善良的心。主要由正义感、同情心和报答心（感恩）组成。

一次偶然的机会我发现了曾在大英博物馆任职的彼得·马斯特斯博士写的《关于良心的问题》。书里面举了一个大法官的例子，有些国家有独立的司法系统，政府不能干预。而良心被作者类比了出来，意思是它一直存在，就算被扭曲、被控制、被破坏，甚至被重塑，它还是有一天会出来提醒我们它的存在。它会被败坏，但不会被完全败坏。

"法官独立"的百度解释为法官在审判过程中不受任何来自外界

的非法律因素的干扰，独立地只依法律和良心办案。所以，良心还是和法律并驾齐驱，良心的重要性不言而喻。不安的良心会让人产生负罪感，表现为焦虑。一个人在昧了良心之后会出现空虚、抑郁，然后通过一些行为释放，结果是欲望的增强而行为的偏差，直到走向人生的毁灭。

良心会受到环境的影响，但是不能说环境的变化会改变个人良心的标准。相反，更多的了解甚至是更厚重的生活经历，会让人的良心变得越来越不容忽视。尽管有人可以为了某种目的忍受良心的缺失，但这种痛苦会随着时间变得越来越严重。

我们本来就有良心，我们也许没办法弄清楚它的形成机制，但是可以肯定的是我们一定是有良心的。而生活中为什么我们看到有些人可以没有良心？是因为他们被封闭了良心，就像把良心放在一个柜子里锁起来一样。

《关于良心的问题》一书里写到有四种会让良心暂时缺失的方法。第一种是压制。压制说的就是反复地和良心对抗。第二种是自我辩解。比如通过和良心吵架的方式。第三种是分散注意力。也就是"我有罪，但我可以负罪前行"。第四种是重塑良心。也就是自己推翻自己的价值观，塑造一个更没有良心的道德体系。

作为独立的人，需要有自己的解决方式和思考模式。你听到的和你看到的是不是真的不一定，但是你自己想要成为什么样的人你必须确定。我个人认为，一个人需要有强大的信仰体系，无论你是否有宗教信仰，你得有信仰。否则，你读几本书，看几篇文章，浏览几个网页，看到几条资讯，就开始对自己很久以来坚信的真善美产生了质疑，甚至觉得是不是自己也应该稍微妥协。但妥协这件事上，对于良心不可以、因为它妥协不了。

我们希望看到真相，但是我们有没有想过：我们究竟真正想看到什么？我们自己究竟有着怎样的思考方式？我们真正希望成为什么样的人？而不是别人是什么样所以我们该怎样。而现实生活中，无论是哪种职业，从名人到普通老百姓，我们会发现只要他按着自己的良心活着，无论他是否有巨大财富，或者有没有很高的地位，人家都活得很自在、很舒适。

做人有良心，活着才踏实。也就是说，其实真正有良心的人是不会被动摇的。总而言之，为防止自己耗费大量时间精力去研究和自己没有多大关系的事，还不如思考一下如何让自己的价值观更肯定，世界很大，知识很广，人生很短，活出自己。网络确实给人们的生活带来了很大的便利，可以这么说，现代人已经无法离开网络，而人们的生活也无法离开网络媒体和网络社交。

以前我们会认为网络媒体只是分享娱乐资讯或者说是社会热点，但是现在网络媒体也涉及了知识分享、文化传播，甚至很多名人名家也开了网课、直播，这也让以前因为地域或者经济的原因无法欣赏到的美好事物、学习到的知识现在已经可以很方便地获取。

以前我们只会用网络社交工具聊天，如今的网络社交工具已经渗透到了我们工作生活的方方面面。

这个时候，人不仅仅是独立的人、个体的人，我们的一言一行都会给这个庞大的社会系统产生或大或小的影响。这种情况下,我更建议大家用开放的心态去面对网络和互联网时代的生活方式,包括网络媒体和网络社交。

我们是不是可以适当地还原一下我们的初心。我们希望发现事件的真相,一定不会是想去寻找事件的恶,对善的渴望使得我们想看到事件会不会有很多我们忽视了的苦衷,或者我们会从中得到哪些教训,并以此为鉴继续行善。有一个问题是:我们为什么要在恶的土壤挖掘善的种子?我们为什么不在善的土壤培育善的花朵?我们的生活尽管平凡,没什么大风大浪,也并不惊天动地,但就真的没有意义了吗?

日常生活中我们很喜欢说的一个词语叫"忘恩负义",多形容我们帮助了别人而被别人反咬一口,我们辛苦地付出得不到回报,我们感到很愤怒。为什么会愤怒?因为我们的良心受不了,我们觉得为什么我们这么有良心但别人没有?甚至会想别人的良心去哪里了?

康德认为,人的道德或者不道德行为和非道德行为,来自人的内在属性,而不是大多数人的评价。简而言之,我们内心向往绝对的善,所以才会做善事。也就是我们不管别人怎么想怎么看,我们先要对得起自己,对得起自己的良心,良心做人,良心办事,先从自己出发,做个良心的孩子,良心的学生,良心的职员,各种良心的角色。至于别人,我们秉承所有人都有良心的思考方式去看待。

我们看到,疫情发生以来,有很多无私奉献的医疗工作者,还有一些良心商家通过不断改进产品质量和优化服务内容，让在家里被憋坏了的老百姓们吃到了更多可口的美食。而这些热爱自己的事业并且希望自己可以给周围人带来幸福美好生活的人们，都是有良心的好人。

31

直觉力和灵感

我把直觉力和灵感放到本书的最后一节,原因是我们对理性而规律的东西的研究特别细致,但对一些我们人类自身宝贵的特殊心理的研究特别少。关于直觉,很长一段时间都是置于理性和理智的对立面,也不被认为是一种科学思维。

关于灵感,之前我们说过天才需要的是大部分的努力和决定成败的灵感。我们的时代不乏优秀的人才,但是我们的时代缺少天才。我们的社会发展到现在,离不开所有跨时代的伟人,或者某个领域的顶尖人物的付出和努力。直觉和灵感作为人类大脑进化的结果,也是人类区别于其他动物的重要部分。

直觉是什么?当你觉得它就是对的,就应该这样做,没有原因,这就是直觉。社会心理学家格尔德·吉仁泽在《成败就在刹那间》中写道,直觉的特点包括:迅速出现在大脑中,我们意识不到它的深层运行机制,强烈实现的动机。

艾普斯坦（Epstein）指出人类具有两种认知方式，包括经验性的（直觉）和分析性的（理性）。两者的区别在于前者迅速、自动，不需要太多努力就能够产生。后者缓慢、有意识，运用证据进行分析导出，依靠有意识的评估而非经验[23]。现实生活中，理性思维占据我们认知的上风，因而直觉经常被人认为"不科学"，不属于分析的范畴。其实这种说法是非常片面的，因为直觉也是一种人类特有的智慧传承，而直觉大部分也并非空穴来风。格尔德·吉仁泽在其《直觉：我们为什么无从推理却能决策》指出，好的直觉一定会超越已知信息，因此也会超越逻辑。他专门用一章写了直觉的巨大优势：简单但可以救命。作者举了一个很鲜活的例子。如果你的母亲生病了，而你想了解医生的真实想法，怎么办？就问他如果是他的母亲，他会怎么做。

我看到这里的时候就在想，什么时候的直觉准确率最高？应该是在有限的时间和情景刺激下，排除一切外力阻挠，经过认真分析，最短时间内得出的结果。而最真实的推断、最简单的决策产生的直觉准确率最高。我们在日常生活中的很多直觉都是突发奇想，没有具体的事件刺激，没有受到其他人的影响，没有进行真正的大脑深层思考，所以直觉大多只是一种自己吓自己，没有任何值得参考和借鉴的。

灵感（Inspiration）就是突然懂了的兴奋状态。其特征包括：
注意力高度集中，全部精神力量贯注于创造性活动的客体上。
情绪异常充沛和紧张，对自己创造性劳动的对象充满激情。
思想的极度明确性和智慧的高度锐敏性。
新疆塔城广播电视大学的玛合沙提古丽·克孜尔汗在自己的论文

《灵感的心理学概念》中提到灵感就是潜意识经验的突发现象。潜意识经验是灵感得以闪现的能量源泉。突发现象成就灵感之奇迹。引发灵感的契机包括你对事件的深度思考，大量情感投入和潜意识经验的累积。而灵感多有偶然性和瞬时性的特点，没有特定规律可循。

德国心理学家克勒通过对猩猩的长期研究，提出完形—顿悟说的学习认知理论。克勒认为，只要人和一些高级动物运用他们先天具备的能力，就能认识到环境中事物间的关系，产生顿悟解决问题。我们可以看到学习的时候，我们对某个问题的掌握并不是来自对某个问题的纠错过程，而是对某个问题经过反复研究后的突然"大彻大悟"。

学习讲究的是理解运用，而不是死记硬背。任何死记硬背到最后可能都会被遗忘，没有办法形成永久记忆，只有经过大脑的复杂加工，才能形成我们自己的知识。实践是检验真理的唯一标准。当学习和实践到一定阶段，我们就会形成自己与众不同的认知系统，而直觉也就是我们在非常时刻或者应激场景中的正面反馈，我们之前的经验有多丰富，我们之前的思考有多深入，那么我们的直觉就会在客观场景下有多准确。前面的医生诊断就是很好的例子。

之前在注意力一节写了阿基米德因为专注力在洗澡的时候发现了流体静力学的规律。其实这就是一种顿悟，因为洗澡只是一个很平常的事情，正是因为阿基米德长时间的思考，才借由一个具体场景突然发现了事物的本质，并将它综合成了科学规律。

灵感和直觉累积到一定量就会帮助伟人开悟，我们在大师那一节也讲了普通人和大师的差别在于前者停留在愚昧之坡，后者已走上开悟之路。很多跨时代的科学家和伟人其实都有一个开悟的过程，而不是奋斗的过程。奋斗可以让你成为一个人才，但离天才甚至伟人还有很长的距离。

日常人们都很忙碌，所以人们喜欢喝奶茶，喝完奶茶感觉像自带仙气、精力充沛，好继续学习工作。《海报新闻》头条官方账户的一篇文章《奶茶逐渐"粥化"：商家求爆品心切，还是年轻人热衷"花式养生"》介绍了当下的奶茶行业热衷创新，把奶茶变成从无聊的加珍珠到加花生碎、红豆、大枣、血糯米、绢豆腐、燕麦等符合现代人养生需求而且还饱腹感极强的"八宝粥"，满足了中国新势力加班没时间吃饭还希望身体健康的愿望。我其实也很喜欢喝奶茶，那篇"奶茶和糖上瘾"就是我多年喝奶茶的总结。

但是作为有想象力和灵性的心理学爱好者，如果不在本书的最后一节做一个学以致用的示范，可能就没有办法证明直觉和灵感对于学习和工作的作用。我根据马斯洛需求理论总结了工作的五个层次——花瓶理论。在讲花瓶理论之前，我先介绍一下马斯洛需求理论。马斯洛需求理论其实可以解答"你为什么而活"这一问题。

人本主义心理学主要创始人马斯洛认为，人的需求由生理的需求、安全的需求、归属与爱的需求、尊重的需求、自我实现的需求五个等级构成。需求层次越低，力量越大，潜力越大。随着需求层次的上升，需求的力量相应减弱。高级需求出现之前，必须先满足低级需求。

说完了马斯洛需求理论，我来说一下个人的花瓶理论。人的一生大半部分时间都在工作,所以人的价值多通过工作体现。中国人向来喜欢花瓶,于是我根据花瓶的样子和马斯洛五个需求层次理论写了工作的五个层次(亦称花瓶理论)。花瓶理论有五个关键点:

花瓶理论示意图

中国的花瓶各式各样,这个花瓶反映的不仅仅是质量也是数量,但具体每个层次的人员比重是个流动的过程、发展的过程。

工作层的人是整个系统中人数最多的。

事业层的人有一定的社会价值并且积累了一定的财富。

成就层的人往往是在自己的领域已经处在相对较高的位置并且具有较高的自我认同感。

而花瓶的瓶口直接决定了是否能插花。通俗来讲,伟大的工作者决定了所有工作人员是否发挥了效用,也就是整个社会系统可不可以正常运作。

每一个时代的推进必须有伟大的工作者出现。

糊口层的人也非常关键，因为它是整个花瓶的底盘。无论哪个系统模式，糊口层的人是一定存在的，他们的需求也需要被重视。如果忽视了这一部分人的诉求，那么花瓶便不是花瓶，整个工作系统也无法建立。

工作的五个层次：糊口、工作、事业、成就、伟大，依次对应马斯洛需求理论的五个层级——生理需求、安全需求、社交需求、尊重需求和自我实现需求。真正幸福的工作其实已经不是工作，而是一种境界。

糊口解决的是温饱不饿，这里跟人的情感没有太大关系。换句话说，当你对工作有了情感时，那已经不叫糊口，已经变成了工作。大部分人工作的时候还是有感觉，尽管很多时候是不满的感觉，那也是情感，所以绝大多数人都处在工作层。

工作解决的是安全需求，换句话来说，你为什么会去上班？你觉得上班是个保险的生存方式。工作给你带来满满的存在感，这就是安全感。我们上班感觉到了安全，是因为我们和一群人待在一起做事，我们觉得集体的力量大，所以安全。

再往上走是事业层，也就是工作到了一定水平，形成了一定的社会效用，也就是你成为公司技术骨干或者小老板，总之你有了影响力，尽管这个影响力不大。而事业参照的是社交需求。可以这么理解，你和别人出去玩特有面儿，所以你的工作变成了事业。

事业层再往上走是成就层，这也是低认同感和高认同感的分水岭。为什么在成就和事业中间设这个分水岭而不是工作和事业之间？

因为只有到了"成就层",你才会有成就感,你才会有真正的意识。而事业累积的财富和名望并不能说明这个人取得了成就,因为成就者的当下是可以不从工作形式或者工作结果而是从工作本身找到价值的。成就对应的是尊重需求。很多人工作到最后都没有完全按照自己的心意,尽管到了事业的顶峰,依旧不快乐。

最后说伟大层。这个词我们经常说,但是放到个人身上特别少。我们会说一个成功的企业家,但很少说伟大的企业家;我们也会说一个好的领导者,但我们很少说伟大的领导者。那个人为什么伟大?其实是个人能量到了一定阶段,而这个能量辐射到了地球的很多地方,也不受时间影响。因此,伟人的影响是会随着时间空间逐渐增强,而成就者的影响会随着时间空间慢慢削弱。

有没有培养直觉和灵感的方法?没有。以往的每一节内容我都会写建议和方法,很遗憾,最后一节我们只分享案例不给方法,如果所有的东西都可以被分析,那不是直觉和灵感,那是理性。直觉和理性本来就是人类的两种不同的认知方式,而前者更为难得。在《直觉:我们为什么无从推理却能决策》一书中的最后,作者写道:"我们已经明了,直觉胜过了大多数复杂的推理和计算策略,也已知道如何利用它们,不让它们把我们带入歧途。可是,直觉并没有方法可言。而且,若没有它,我们能做成的事很少。"

参考文献

[1] 皆因戒瘾. 你我皆白鼠：搜索成瘾的脑科学.[2010-01-10]. 新浪博客.http://blog.sina.com.cn/s/blog_64227a720100giq2.html

[2] SUN Yan，YU Hongbo，CHEN Jie，LIANG Jie，LU Lin，ZHOU Xiaolin，SHI Jie(2016). Neural substrates and behavioral profiles of romantic jealousy and its temporal dynamics" [J/OL]. ScientificReports(pp27469).https://www.onacademic.com/detail/journal_1000039679053110_78af.htm

[3] Brosch, T., Sander, D., & Scherer, K. R. (2007). That baby caught my eye... attention captureby infant faces[J]. Emotion, 7(3), 685-589.

[4] 邓宁－克鲁格效应，又称达克效应，由康奈尔大学的克鲁格（Kruger）和邓宁（Dunning）在1999年发现，并在论文《论无法正确认识能力不足如何导致过高自我评价》有提及。指能力不足的人在自己能力欠缺的基础上得出自己认为是正确但实际是错误的结论，这些能力不足的人往往高估自己的能力，却不能客观评价他人的能力。（参阅百度百科对该效应的解释：http://baike.baidu.com/item/%E8%BE%BE%E5%85%8B%E6%95

%88%E5%BA%94/5639178？ fr=aladdin）

[5] 林红轮. 把沙石化为珍珠——心理学家鲍里斯·西吕尔尼克的"回弹"理论 [J]. 世界博览.2005.

[6] Melanie Maya Kaelberer, Kelly L.Buchanan, Marguerita E. Klein, Bradley B. Barth, Marcia M. Montoya, Xiling Shen, Diego V. Bohórquez. A gut-brain neural circuit for nutrient sensory transduction[J].Science.[2018-9-21]DOI: 10.1126/science.aat5236.

[7]Charles Spence, Katsunori Okajima, Adrian David Cheok, Olivia Petit, Charles Michel.Eating with our eyes: From visual hunger to digital satiation[J].Brain and Cognition.2016:53

[8]Jacquelyn Corley.Being an Optimist May Help People Live Past 85..scientificamerican.[2019-8-27].https://www.scientificamerican.com/article/being-an-optimist-may-help-people-live-past-85/

[9]Kathrin Rehfeld, et al.Dancing or Fitness Sport The Effects of Two Training Programs on Hippocampal Plasticity and Balance Abilities in Healthy Seniors[J/OL].Frontiers in Human Neuroscience, [2017-7-15]｜https：//doi.org/10.3389/fnhum.2017.00305.

[10]Hamachek, D. E. (1978). Psychodynamics of Normal and Neurotic Perfectionism[J]. Psychology (Savannah, Ga.), 15, 27-33.

[11] 来宾大健康. 科普 别再说自己有强迫症了，真正的强迫症=心理的癌症 [J/OL]. 澎湃号.[2019-10-24].https://m.thepaper.cn/

newsDetail_forward_4780606

[12] 家庭用药. 强迫症相关的人类基因变异被找到 [J/OL]. 参考网 .[2017-12-27].https://www.fx361.com/page/2017/1227/2609868.shtml

[13] 精神健康侦探社. 强迫症和强迫型人格的区别 [J/OL].[2018-07-29].https://zhuanlan.zhihu.com/p/40792046

[14]The Development Company.The Parent Adult Child Model[J/a].https://www.thedevco.com/transactional-analysis/

[15] 秦彧. 论罗杰斯的自我理论 [J]. 商丘师范学院报.2006, 22(1):166-168.

[16] 北京日报. 美国科学家最新一项研究表明：恐惧症来自遗传 [J/OL]. 东方网.[2013-12-11]http://news.eastday.com/eastday/13news/auto/news/china/u7ai324111_k4.html

[17] 庞吉成. 儿童恐惧症与遗传因素 [J/OL]. 妙手医生 [2018-10-16]https://www.miaoshou.net/voice/373267.html

[18] 隔夜说动漫：B 站何同学成功了，网友却吐槽"靠家庭和资本助推"。这是酸吗？ [J/OL]. 今日头条.https://www.toutiao.com/i6932420051781943812/?tt_from=weixin&utm_campaign=client_share&wxshare_count=1&timestamp=1614149037&app=news_article&utm_source=weixin&utm_medium=toutiao_android&use_new_style=1&req_id=20210224144357010204026014130017700&share_token=4935dc24-98cd-

45e7-ba75-97630e5db0e8&group_id=6932420051781943812

[19] Nathan W. Hudson, Richard E. Lucas, M. Brent Donnellan. Are we happier with others? An investigation of the links between spending time with others and subjective well-being.[J/OL]. Journal of Personality and Social Psychology, 2020; 119（3）: 672.

[20] 百度翻译. 孤独和无聊竟然有可能会危害我们的大脑（双语解密）[J/OL].[2020-02-03].https://baijiahao.baidu.com/s?id=1657524437157331209&wfr=spider&for=pc

[21] 菲利普·津巴多, 约翰·博伊德. 时间的悖论：关于时间和人生的科学 [M]. 北京：中信出版社 .2018

[22] 遗世的黑玫瑰. 他彩票中了一个亿，六年后的人生却惨不忍睹 [J/OL]. 个人图书馆 .[2018-04-15].http://www.360doc.com/content/18/0415/05/22005049_745731213.shtml

[23] Epstein, S., Pacini, R., Denes-Raj, V.,& Heier, H.（1996）. Individual differences in intuitive–experiential andanalytical–rational thinking styles[J]. Journal of personality and socialpsychology, 71（2）, 390.

后记

生活本是一个卷,卷饼也是卷,卷人生也是卷

我们都知道一个放羊娃的故事:

"小朋友在做啥?"

"放羊!"

"放羊做啥?"

"卖钱!"

"卖了钱做啥?"

"盖房子!"

"盖房子做啥?"

"娶老婆!"

"娶老婆做啥?"

"生娃儿!"

"生娃儿做啥?"

"放羊!"

会不会有另外一个版本:

"小朋友为什么学习？"

"考好的中学！"

"什么中学？"

"深圳中学！"

"深圳中学之后呢？"

"学习学习再学习！"

"学业有成之后呢？"

"工作！"

"工作准备去哪里？"

"深圳中学！"

我们之所以感叹内卷化，大多是因为内卷并不开心，我们想卷个好一点的东西，无非就是财富和功名，免除疾病和饥饿。但百分之九十九的人可能没有办法享受好的卷饼，所以看到别人的卷饼会很难过。

上面两个故事很难说谁更幸福，因为每个人的参照系不一样。对于放羊的孩子来说，一辈子放羊可能比放了羊之后又去读书开心；对于爱学习的人来说，一辈子学习一定是一件快乐的事情。痛苦来源于我们喜欢别人的卷饼但又不想离开自己的卷饼。人生没有那么容易，卷饼都会有，每个人都饿不死。但是我们如何享受自己的卷饼，或者制造出一个属于自己口味的卷饼，这很难。幸福是一种心态，也是一种智慧。

没有人可以活得很简单，但是你可以活得稍微简单一点，只要安安心心地卷自己的饼就好了。

感谢辞

生命是场美丽的意外，愿你我温暖如斯

写这本书确实就是一个意外，如果还可以认识看书的你们，就是意外的惊喜。

感谢我文章中引用或者涉及的专家学者们，还有用心生活的人。如果不是你们的存在，我还是非常孤独的，我以为我想的都不太对。

有一个神话故事叫"潘多拉的盒子"，盒子好像最后啥也不剩了，只剩下"希望"。

我在想，对于一个人来说，生命最重要的是什么？是勇气和坚持。什么都没有的时候，还是可以有希望的。因为，生命是场美丽的意外，我还会遇到更多的温暖的人。

生命是场美丽的意外，愿你我温暖如斯。

小熊

2021 年 2 月 28 日完稿于深圳